U0069588

世間唯愛與美食不可辜負

家庭西餐
楊塵私人廚房03
喜歡吃什麼就做什麼吧！
經典與創意調和的147道西餐，
在家隨時享受料理美食的心滿意足！
楊塵｜著

做菜始於口腹之慾而終於心靈自由靜好

我不是一個廚師，只是科技產業裡的一名上班族，雖曾位至高階主管，但忙碌的工作中吃飯幾乎不是叫外賣便當便是在餐館外食，難有機會自己下廚做菜，直到退休後才面臨日常生活飲食的課題。個人思考著縱然外面餐館林立、美食眾多，但除了衛生和健康的顧慮外，外面餐廳基於商業考量很多餐點過於制式化，吃久了也會覺得有點無聊，況餐點口味本因人而異，要隨心所欲談何容易，但一個人若是經濟沒問題而且時間許可，卻常常在家裡吃泡麵或速食產品那絕對是個人品味問題。

在這樣的背景下開始萌生自己做菜自己食用的念頭，雖說做菜始於口腹之慾，但飲食和個人的性情與品味有關，既要滿足胃腸還得依著自己的心意，然而做菜之路遙遙，之前不在這個專業領域，一切都得從頭來過。身為中國人本對中餐最為熟悉而且耳濡目染，家庭中餐料理雖然也能美味可口但要達到餐廳水平並不容易，中餐的主力是炒菜但家庭設備很難擁有中式廚房的鍋爐和火力，而且要像中廚料理過油鎖汁的流程並不經濟也不現實，這也是為什麼同樣材料但家庭炒菜口味無法和餐廳炒菜匹敵的原因。

西餐的主力是煎烤，家庭廚房可以準備的煎鍋和烤箱與西廚的設備有比較一致的配備，只要購買好的食材再加上烹飪得法，家庭西餐完全可以到達西餐餐館的水平，如果再加上個人的天賦和創意，家庭西餐料理的美感和口味更不是外面一般泛泛餐館可以比擬，但畢竟家庭料理不比餐廳烹調，在菜單的選擇上儘量以食材容易取得且製作不要過於複雜為主。基於這樣的認知，個人從認識西餐的靈魂配料-香草開始，自己栽種並品其味，了解何種香草適合何種食物，開始進入菜市場購買各種蔬菜水果和雞鴨魚肉，買書學習烹飪方法，就這樣從設計菜單到餐具準備，從實地製作完成作品到最後自己享用，這中間因個人剛好喜歡攝影也都一一拍照留念。

這個本來基於想吃美食的原始欲望，卻因為過程中有諸多的難題和樂趣而甘苦兼有，但因為是家庭料理完全可以依據自己喜歡的菜餚來製作，絲毫不用拘束，不知不覺中也創作了許多自己的靈感和理念。如果說自己做菜有什麼好處的話，基於健康和衛生都是其次，享受美食的心滿意足也不是最重要，這個過程讓人依照自己的意志回歸，而終於心靈自由靜好也許才是人生最大的收穫吧！

創作源於心靈的自由，喜歡吃什麼菜就做什麼吧！在此謹把平日生活做過吃過的菜餚集結成冊分享讀友，也並且感謝每道菜背後和我一起參與的家人和朋友。

楊璽 2019.12.3 於新竹

|目|錄|

名詞解釋

（後續如出現不同之食材、調料名詞請參照本處）

・四色胡椒碎：由黑、白、紅、綠四種顏色胡椒磨碎混合而成。
・優格＝酸奶
・奶油＝黃油
・鮮奶油＝淡奶油
・乳酪＝奶酪＝起司
・酪梨＝牛油果
・紫梗羅勒＝九層塔＝泰國羅勒＝紅莖羅勒
・卷葉萵苣＝西生菜
・綠櫛瓜＝西葫蘆
・番薯＝紅薯
・馬鈴薯＝土豆
・番茄＝西紅柿
・蜜蜂草＝香蜂草
・鮭魚＝三紋魚

CHAPTER 1
魚和海鮮類

01

小番茄煎煮真鯛魚

做法

1. 真鯛魚去內臟去鱗，洗乾淨後擦乾殘水，兩面撒黑胡椒碎和海鹽醃製十分鐘，煎鍋放油開大火把魚兩面各煎三分鐘後取出備用。
2. 大蒜瓣切薄片，洋蔥和紅蔥頭切碎，蘆筍、火腿和番茄乾切小丁，小番茄縱向切對半。
3. 炒鍋放油開小火放入大蒜瓣煎至金黃，放入洋蔥碎、紅蔥頭碎、番茄乾、火腿丁同炒，等洋蔥變軟加少許胡椒碎和海鹽，轉大火加入番茄、蘆筍、切碎的小茴香和一些開水，把魚放入鍋內蓋鍋同煮，等煮滾時把整鍋材料連同湯汁盛在有深度的大盤上。
4. 淋少許檸檬橄欖油並撒上新鮮的小茴香嫩葉和少許黑胡椒碎。
5. 食用時搭配玫瑰紅葡萄酒。

食材

- 真鯛魚（赤鯮）
- 雙色小番茄
- 蘆筍
- 金華火腿
- 番茄乾
- 洋蔥
- 紅蔥頭
- 大蒜瓣
- 小茴香

調料

- 黑胡椒碎
- 海鹽
- 檸檬橄欖油

02

焗烤七星鱸魚

做法

1. 七星海鱸魚刮鱗去內臟後擦乾魚身，先以海鹽、黑胡椒碎、橄欖油塗抹後醃五分鐘。
2. 把鱸魚放在墊著錫箔紙的烤盤上，接著把焗烤魚配料散置於魚身及四周，然後把錫箔紙小心包裹好魚身。
3. 把烤盤和魚放入用二百三十度已預烤十五分鐘的烤箱續烤三十分鐘後出爐，打開錫箔紙把黑橄欖、小番茄和魚湯汁收集好備用，魚整條裝盤。
4. 取一小煎鍋放油後入大蒜片及切瓣的小番茄拌炒，待番茄開始出汁加入之前收集好的黑橄欖、小番茄、魚湯汁，待收汁後把所有材料及醬汁散置於魚身及盤面。
5. 最後以新鮮小茴香、金桔切片、櫻桃蘿蔔切片裝飾。

食材

- 七星海鱸魚
- 櫻桃蘿蔔
- 大蒜瓣

調料（焗烤魚配料）

- 小番茄
- 金桔
- 月桂葉
- 小茴香
- 小茴香籽
- 黑橄欖
- 白葡萄酒

03

普羅旺斯魚湯（一）

1 2 3 4 5 6 7 8

做法

1. 黃魚去內臟橫向切成五塊，抹鹽及白胡椒粉，並淋橄欖油；魷魚去內臟去皮切厚圈，撒鹽及白胡椒粉，並淋一些橄欖油；海蝦不去殼開背取出泥腸，加白胡椒粉及橄欖油，以上海鮮醃製十分鐘，文蛤洗淨瀝乾備用。
2. 大蒜瓣去皮切薄片，洋蔥及紅蔥頭切細絲，黃色小番茄每顆切成六瓣，紅蘿蔔去皮切薄片，大蔥縱向切開取最外面兩層皮備用其餘切成圈狀。
3. 荷蘭芹及小茴香葉梗分離備用，橙子刮取皮絲。
4. 以大蔥兩層外皮包裹百里香、月桂葉、荷蘭芹梗、小茴香梗，用麻繩捆綁製成香草束。
5. 鍋裡放橄欖油開小火炒香蒜片後放入紅蔥頭絲、洋蔥絲及紅蘿蔔片，炒十五分鐘至鬆軟後，開大火加入黃色小番茄續炒兩分鐘後加入白葡萄酒，待酒精蒸發後加水煮滾轉小火，放入橙皮絲、番紅花及大蔥圈；加少許鹽及黑胡椒碎，繼續熬煮三十分鐘，讓湯汁收至一半，將香草束撈出丟棄。
6. 黃魚塊、魷魚、海蝦，用一煎鍋放油以大火快速煎兩分鐘去其腥味，取出後放入上述湯鍋中熬煮五分鐘，然後出鍋裝盤。
7. 裝盤時先裝海鮮然後淋上湯汁，最後撒荷蘭芹葉及小茴香葉裝飾。
8. 食用時以法式長棍麵包切片沾魚湯，最後吃掉海鮮。

食材

- 黃魚
- 魷魚
- 文蛤
- 海蝦
- 黃色小番茄
- 洋蔥
- 紅蔥頭
- 大蒜
- 大蔥
- 荷蘭芹
- 百里香
- 小茴香
- 新鮮橙皮絲
- 乾燥番紅花
- 罐頭番茄泥
- 法式長棍麵包
- 紅蘿蔔

調料

- 天然海鹽
- 黑胡椒碎
- 白胡椒粉
- 小茴香籽
- 橄欖油

04

普羅旺斯魚湯（二）

1

2

3

4

5

6

7

做法

1. 牛尾魚去內臟切段，海蝦剪開背殼去泥腸，魷魚去內臟切段，以上食材撒一些白胡椒粉、海鹽、茶籽油、輕輕拌勻醃五分鐘，然後用煎鍋大火兩面各煎一分鐘，最後加入白葡萄酒嗆鍋，花蛤洗淨瀝乾備用。
2. 紅蔥頭、胡蘿蔔、大蒜瓣去皮切薄片，番茄切小丁，大蔥切開最外兩層皮取內層綠色部分切薄片，荷蘭芹及小茴香葉梗分離，利用大蔥外皮包裹月桂葉，荷蘭芹梗及小茴香梗，用麻繩綑綁製成香草束。
3. 深鍋用小火炒香小茴香籽、紅蔥頭、大蒜片、洋蔥絲，轉中大火放入番茄丁炒軟後加入開水、香草束、小茴香籽橙皮絲、番紅花，熬煮二十分鐘後加入所有海鮮食材續煮五分鐘，出鍋前撒一些荷蘭芹碎及小茴香碎。
4. 裝盤時海鮮及湯汁一起裝盤，撒紅蔥頭及大蔥圈裝飾。

食材

- 牛尾魚
- 海蝦
- 花蛤
- 魷魚
- 番茄
- 洋蔥
- 大蒜
- 紅蔥頭

調料

- 小茴香
- 小茴香籽
- 荷蘭芹
- 月桂葉
- 百里香
- 大蔥
- 橙皮絲
- 番紅花
- 白葡萄酒
- 海鹽

05

法式蒸煮小黃魚

做法

1. 小黃魚去內臟洗淨擦乾，兩面撒海鹽、黑胡椒碎，淋一些橄欖油，醃製十分鐘，以大火油煎一分鐘後轉中火兩分鐘，翻面重複以上煎法，然後盛出放在另一淺鍋。
2. 大蒜瓣去皮切片，蓮藕去皮切極薄片，芹菜切段，豌豆去莢，荷蘭芹切碎。
3. 起一油鍋把大蒜片及蓮藕片兩面煎黃後取出備用，原鍋放入意式燻火腿片煎出香氣後，放入豌豆及芹菜炒約三分鐘，炒熟後盛出保溫備用。
4. 裝魚的淺鍋放入花蛤、酸豆、黑橄欖、番茄乾、荷蘭芹碎及一半煎好的大蒜片，淋一些白葡萄酒，加水到魚一半高。
5. 魚鍋煮開後蓋鍋，放入用一百九十度已預熱十五分鐘的烤箱續烤十分鐘後，出爐把食材裝盤，鍋中湯汁熬成醬汁。
6. 盤中鋪上芹菜、豌豆、火腿、蒜片、藕片、荷蘭芹、淋上醬汁。

食材

- 小黃魚
- 花蛤
- 芹菜
- 豌豆
- 義式燻火腿
- 連藕
- 大蒜瓣
- 酸豆
- 醃漬黑橄欖
- 番茄乾

調料

- 海鹽
- 黑胡椒碎
- 白葡萄酒

06

奶油牛舌魚

1 2 3 4 5 6

做法

1. 檸檬刨取皮絲後橫向對切，一半榨取檸檬汁，一半取出果肉切小丁，紅蔥頭切碎，番茄乾切小丁，荷蘭芹切碎。
2. 比目魚去內臟洗淨擦乾，兩面撒黑胡椒碎及海鹽，魚全身裹上麵粉後把多餘的麵粉拍掉。
3. 煎鍋放一半茶籽油一半無鹽奶油以中大火加熱，等奶油融化變色且泡泡由大變小時放入比目魚，一分鐘後轉中小火續煎兩分鐘，然後翻面轉中大火續煎一分鐘再轉小火半分鐘，之後把魚取出放在吸油紙上備用。
4. 起一小煎鍋放奶油炒香紅蔥頭碎後加海鹽及黑胡椒碎，倒入檸檬汁煮滾後做成醬汁。
5. 比目魚裝盤，撒上檸檬皮絲、檸檬果肉、酸豆、乾番茄小丁、荷蘭芹碎，把醬汁淋在魚身及盤面。

食材

- 牛舌魚（比目魚）
- 檸檬
- 紅蔥頭
- 酸豆（續隨子）
- 番茄乾
- 荷蘭芹

調料

- 黑胡椒碎
- 海鹽
- 奶油
- 茶籽油
- 麵粉

07

香煎紅鰡魚排

1

2

3

4

5

做法

1. 紅鰷魚排用廚房用紙吸乾表面水份，兩面撒黑胡椒碎和海鹽，用手拍一些橄欖油在魚排表面。
2. 大蒜瓣去皮切碎，紅蔥頭去皮大部分切碎小部分切小圈圈，小蔥莖葉留幾根備用，帶花苞的莖葉除花苞保留其餘切成小蔥珠，生薑切片。
3. 煎鍋放少許油開大火，熱鍋時用生薑片抹鍋底後把薑片丟棄，紅鰷魚排魚皮面朝下放入煎鍋，煎一分鐘後轉開中小火續煎二分鐘，翻面再煎一分鐘接著淋一些蘋果白蘭地嗆鍋後取出裝盤。
4. 原煎鍋開小火再放少許油，把大蒜碎和紅蔥頭碎煎至金黃，淋一些蘋果白蘭地後把蔥蒜碎醬汁取出鋪在魚排上。
5. 最後把事先備好的紅蔥頭圈圈、小蔥珠、小蔥花苞撒在魚排及盤面當配料和裝飾。

食材

- 紅鰷魚排
- 帶花苞的小蔥
- 紅蔥頭
- 大蒜瓣
- 生薑

調料

- 黑胡椒碎
- 初榨橄欖油
- 海鹽
- 法國諾曼地蘋果白蘭地

08

花蛤煎煮大黃魚

做法

1. 大黃魚去內臟洗淨擦乾，撒黑胡椒碎、海鹽，淋一些茶籽油醃十分鐘，花蛤洗淨瀝乾備用。
2. 大蒜瓣去皮切片，蘑菇擦乾淨切薄片，秋葵洗淨切細片。
3. 取一煎鍋放油把大蒜片及蘑菇片兩面煎黃，秋葵預先用湯鍋燒滾水燙三十秒，全部食材取出備用。
4. 原煎鍋放茶籽油用大火煎魚一分鐘後轉中火續煎三分鐘，翻面重複上述煎魚步驟後取出放在另一淺鍋中。
5. 淺鍋中續放入花蛤、番茄乾，一半煎好的大蒜片及蘑菇片，撒一半荷蘭芹碎及少許黑胡椒碎，加白酒及水到魚一半高，大火煮滾後蓋鍋移入用兩百度已預烤十五分鐘的烤箱續烤十分鐘，然後取出全部食材裝盤，淺鍋中的湯汁以大火收汁淋在魚上，之前處理好的秋葵片和另一半大蒜片及蘑菇片鋪在盤面，並撒另一半荷蘭芹碎。

食材

- 大黃魚
- 花蛤兩種
- 秋葵
- 大蒜瓣
- 蘑菇
- 番茄乾
- 荷蘭芹

調料

- 白葡萄酒
- 黑胡椒碎
- 海鹽

1

2

3

4

5

09

鮪魚排冷盤

1 2 3

做法

1. 蔬菜全部洗淨後，白洋蔥切絲，紅蔥頭橫向切薄片並拆開成圈狀，紫蘇摘取花苞及嫩葉，生薑切片，小蔥切段。
2. 鮪魚排兩面抹一些海鹽醃兩分鐘。
3. 煎鍋開中大火放橄欖油爆香薑片和小蔥段後，把薑片及小蔥段撥到煎鍋邊上，中間放入鮪魚排兩面各煎兩分鐘，淋一些米酒嗆鍋後取出放涼後切片。
4. 原煎鍋撈掉薑片和小蔥，開小火放少許橄欖油、芥末醬、檸檬汁、海鹽，待收汁後即成芥末醬汁。
5. 把洋蔥絲擺盤底，鮪魚切片鋪在洋蔥絲上，紅蔥頭圈圈放鮪魚邊上，芥末醬汁林在鮪魚片上，最後撒上紫蘇花苞及嫩葉。
6. 配一杯黑皮諾紅酒或夏多內白葡萄酒皆可。

食材

- 鮪魚排
- 白洋蔥
- 紅蔥頭
- 紫蘇
- 薑
- 小蔥
- 檸檬

調料

- 法式迪戎芥末醬
- 海鹽
- 橄欖油

10

香草煎烤鮭魚

做法

1. 帶皮鮭魚排撒上海鹽、黑胡椒碎，切碎的薄荷葉和結果的新鮮紫蘇籽，淋上初榨橄欖油並用手稍微按壓一下，靜置醃十五分鐘。
2. 煎鍋放茶籽油開大火，熱鍋後魚皮面向下放入鮭魚排，一分鐘後轉開中火續煎二分鐘，轉開大火翻面煎一分鐘，轉開中小火丟入一片奶油，待奶油融化起泡取一些淋在魚排全身，接著取出放入用二百度已預熱十五分鐘的烤箱續烤二分鐘，開爐後取出裝盤。
3. 小煎鍋放初榨橄欖油，小火炒軟紅蔥頭絲後放入切碎的薄荷和新鮮紫蘇籽，加入少許檸檬汁和巴沙米可醋，煮滾後加些海鹽，隨即把醬汁取出淋在魚排上。
4. 最後撒一些新鮮檸檬羅勒的花蕊和嫩葉當裝飾。

註：一般魚排兩面共煎四分鐘即可，超厚魚排再加烤二分鐘。

食材

- 帶皮鮭魚排（三紋魚）
- 紫蘇
- 羅勒
- 薄荷
- 單球莖紅蔥頭
- 檸檬
- 奶油（黃油）

調料

- 黑胡椒碎
- 海鹽
- 初榨橄欖油
- 巴沙米可醋

11

沙巴魚排

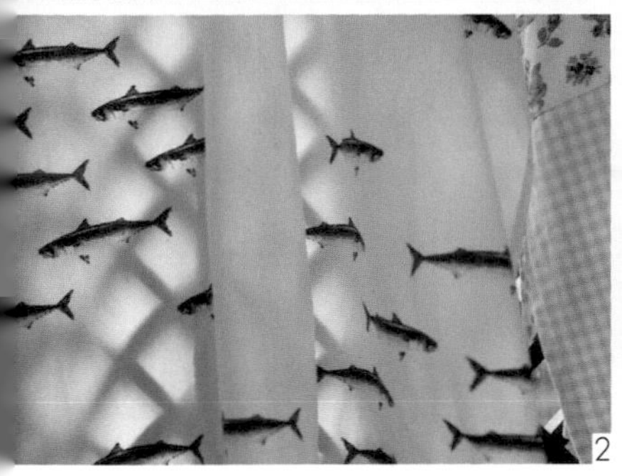

做法

1. 沙巴魚排兩面撒黑胡椒碎及海鹽，並塗一些橄欖油醃兩分鐘。
2. 秋葵洗淨後放入燒開的湯鍋，加鹽燙一分鐘後撈出，取一個秋葵切薄片，其餘備用。
3. 紅蔥頭去皮橫向切薄片後，把薄片拆開成圈狀。
4. 煎鍋放橄欖油開中大火放少許橄欖油，等熱鍋後魚皮面向下放入魚排，四分鐘後轉中小火並翻面，續煎一分後取出裝盤。
5. 小調料鍋開小火放一小塊奶油，等油融化放入迪戎芥末醬，擠一些新鮮檸檬汁，用湯匙攪拌等醬汁收汁後取出備用。
6. 魚排上淋一些芥末醬汁，撒幾片檸檬羅勒嫩葉，把秋葵及紅蔥頭圈一併擺上盤面裝飾。

食材

- 沙巴魚排
- 秋葵
- 紅蔥頭
- 檸檬羅勒

調料

- 法式迪戎芥末醬
- 新鮮檸檬汁
- 海鹽
- 橄欖油
- 黑胡椒碎

12

乾煎小黃魚

做法

1. 小黃魚去內臟洗淨後用黃酒醃十分鐘。
2. 稍微瀝乾後雙面抹上白胡椒粉及天然海鹽。
3. 所有魚雙面沾上高筋麵粉並拍去多餘的麵粉。
4. 煎鍋放少許花生油大火燒熱。
5. 小黃魚入鍋煎一分鐘後改開中火，續煎三分鐘後翻面再沿鍋邊淋一些花生油續煎四分鐘後起鍋。
6. 大顆紅辣椒預先曬乾約五天再用烤箱以一百二十度烤一小時讓香氣出來後，去辣椒籽並切圈狀細絲。
7. 小黃魚擺盤後撒一些黑胡椒碎、紅辣椒絲，並以新鮮羅勒花裝飾。

食材

- 小黃魚
- 大顆紅辣椒
- 新鮮羅勒

調料

- 天然海鹽
- 白胡椒粉
- 高筋麵粉
- 黃酒
- 黑胡椒碎

1

2

3

4

13

焗烤鮸魚

1

2

3

4

5

做法

1. 鮸魚去內臟洗淨擦乾放在墊有錫箔紙的烤盤。
2. 魚兩面撒海鹽、黑胡椒碎、小茴香籽，並抹一些橄欖油醃五分鐘
3. 小番茄縱向切對半，金桔橫向切小片把籽挖掉，黑橄欖略切，洋蔥切絲、新鮮小茴香整支，以上食材散撒魚身及烤盤，最後淋一些白葡萄酒。
4. 錫箔紙向內捲把魚和食材包裹好，放入用兩百三十度已預烤十五分鐘的烤箱續烤三十五分鐘後取出，靜置五分鐘後取魚裝盤，裝盤時放新鮮的金桔片及小茴香。
5. 小煎鍋熱油放入一些對切的小番茄和黑橄欖，待小番茄出汁，連同烤盤裡剛剛烤熟的小番茄、黑橄欖、魚湯汁一起加入煎鍋，待收汁即成醬汁。
6. 把醬汁和食材淋在魚身最後散置事先烤好的杏仁片並擺上新鮮小茴香當裝飾。

食材

- 鮸魚
- 紅色小番茄
- 金桔
- 小茴香
- 洋蔥
- 黑橄欖
- 杏仁片

調料

- 海鹽
- 黑胡椒碎
- 小茴香籽
- 白葡萄酒
- 檸檬汁

14

烤鮸魚配香檳

做法

1. 海虹魚去內臟去鱗後洗淨，擦乾魚表面及肚內水份，除頭尾塗滿海鹽，其餘抹上橄欖油並撒海鹽及小茴香籽碎，輕輕拍打後放在鋪滿荷蘭芹花梗的烤盤醃五分鐘。
2. 放入用二百度已預烤十五分鐘的烤箱續烤二十分鐘後出爐裝盤。
3. 裝盤後撒一些新鮮荷蘭芹碎及淋一些初榨橄欖油在魚身上。
4. 盤裡附上紫梗羅勒及檸檬切瓣，食用時擠一些檸檬上去。
5. 配上事先冰好的香檳會是很好的組合。

食材

- 鮸魚（海虹魚）
- 荷蘭芹
- 紫梗羅勒
- 檸檬

調料

- 小茴香籽
- 海鹽
- 橄欖油

1

2

3

15

小茴香烤瓜子斑魚

做法

1. 把小茴香粉、花椒粉、海鹽放入小碗，加一些茶籽油拌勻製成烤魚醃醬。
2. 瓜子斑魚去內臟去鱗後洗淨並全身內外擦乾殘水，用米酒全身拍打後靜置五分鐘，待表面酒水稍微蒸發，將魚全身內外塗抹醃醬，魚頭魚尾魚鰭則塗抹海鹽，靜置十分鐘後放入鋪滿新鮮小茴香枝梗的烤盤。
3. 接著放入用二百度已預熱十五分鐘的烤箱續烤二十分鐘出爐備用。
4. 湯鍋放水開大火煮滾時放入一小撮海鹽，放入綠花椰菜和蘆筍燙熟，隨即放入已放油並熱鍋的小煎鍋，過油半分鐘後取出裝盤，把瓜子斑魚去皮去刺只取魚肉一併裝盤，撒四色胡椒碎和小茴香花蕊在魚肉上並淋少許初榨橄欖油和新鮮檸檬汁。

食材

- 瓜子斑魚
- 小茴香
- 蘆筍
- 綠花椰菜（西蘭花）
- 檸檬

調料

- 清香型米酒
- 初榨橄欖油
- 小茴香粉
- 花椒粉
- 四色胡椒碎
- 海鹽
- 茶籽油

16

向大師學習：烤鰈魚

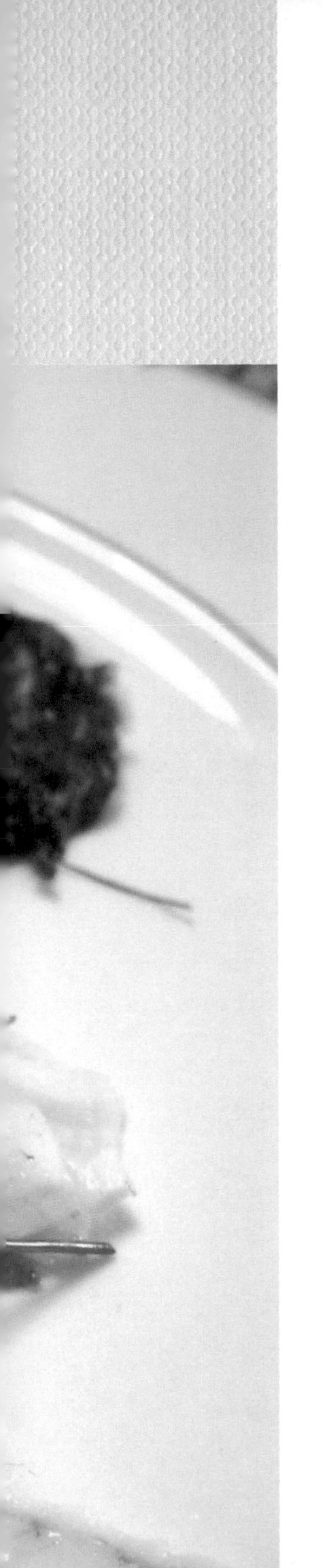

1

2

3

4

做法

1. 蝶魚去內臟刮鱗，洗淨後表面和肚內擦乾，先在全身內外拍一些白葡萄酒靜置五分鐘。
2. 乾燥小茴香籽搗碎後和海鹽、橄欖油混合拌成醃醬，把醃醬塗抹魚全身內外，放入鋪滿小茴香花梗的烤盤，擺一些檸檬切片及小茴香花朵在魚上，然後靜置五分鐘。
3. 放入用二百度已預烤十五分鐘的烤箱續烤二十分鐘然後出爐裝盤，把烤過的檸檬片和小茴香花朵丟棄重新換上新鮮的。
4. 食用時用刀叉把肉取出分裝小盤，撒上現磨的四色胡椒碎和小茴香花朵，最後淋少許新鮮檸檬汁及初榨橄欖油。
5. 配香檳或白葡萄酒都非常對味。

註：此道菜是根據傑米・奧利佛的食譜練習製作。

食材

・鰈魚（多寶魚）
・新鮮小茴香
・乾燥小茴香籽
・檸檬

調料

・海鹽
・四色胡椒碎
・白葡萄酒
・橄欖油

17

法式蒸烤真鯛魚

做法

1. 真鯛魚去內臟去鱗，洗乾淨後擦乾殘水，兩面撒黑胡椒碎和海鹽醃製十分鐘，煎鍋放油開大火把魚兩面各煎三分鐘後取出放入烤盤備用。
2. 大蒜瓣切薄片，洋蔥和紅蔥頭切碎，火腿和番茄乾切小丁。
3. 炒鍋放油開小火放入大蒜瓣煎至金黃，放入洋蔥碎、紅蔥頭碎、番茄乾、火腿丁同炒，等洋蔥變軟加少許胡椒碎和海鹽，轉大火加入豌豆、切碎的小茴香和一些開水，等煮滾時把整鍋材料連同湯汁加入烤盤鋪滿魚身。
4. 把烤盤和魚放入用二百度已預熱十五分鐘的烤箱續烤十分鐘，出爐後取一些湯汁淋在魚身上，淋少許初榨橄欖油並撒上新鮮的小茴香嫩葉及花朵。
5. 取一些魚肉搭配番茄義大利麵和蒜香油煎蘆筍食用。

食材

· 真鯛魚（赤鯮）
· 豌豆
· 小茴香
· 番茄乾
· 金華火腿
· 洋蔥
· 紅蔥頭
· 大蒜瓣

調料

· 黑胡椒碎
· 海鹽
· 初榨橄欖油

18

法式蒸烤黑鯛魚

做法

1. 黑鯛魚去內臟去鱗洗淨後擦乾，兩面抹海鹽和撒黑胡椒碎醃製五分鐘，煎鍋放茶籽油大火熱鍋，放入黑鯛魚兩面各煎三分鐘，關火把魚移入烤盤備用。
2. 炒鍋放橄欖油加入大蒜瓣煎至金黃後取出備用，原炒鍋放入紅蔥頭和胡蘿蔔薄片，炒至紅蔥頭香氣出來加入黑胡椒碎，接著加入蘆筍和豌豆，稍微裹油後加入花蛤、赤嘴貝、番茄乾和小茴香籽，淋一些白葡萄酒嗆鍋並加少許水，開大火煮開後離火，把整鍋材料連同湯汁平鋪於烤盤的魚身上，並撒一半事先煎好的大蒜片。
3. 把裝魚的烤盤放入用二百度已預熱十五分鐘的烤箱續烤十五分鐘，確認收汁後出爐，撒一些新鮮小茴香花蕊和另一半煎好的大蒜瓣，取一些烤盤底的湯汁淋在魚身，把檸檬切片擺在魚旁邊，食用時取魚肉和配料分裝小盤。

食材

- 黑鯛魚
- 花蛤
- 赤嘴貝
- 胡蘿蔔
- 蘆筍
- 紅蔥頭
- 豌豆
- 番茄乾
- 大蒜瓣
- 小茴香籽
- 小茴香花蕊
- 檸檬

調料

- 茶籽油
- 初榨橄欖油
- 海鹽
- 黑胡椒碎

19

法式蒸烤大黃魚

1

2

3

4

5

6

做法

1. 黃魚去內臟去鱗洗淨擦乾，兩面撒海鹽和黑胡椒碎醃製五分鐘，煎鍋放油把黃魚兩面煎至焦黃，取出放入烤盤靜置備用。
2. 蔬菜全部洗淨，胡蘿蔔切薄片，紅蔥頭去皮去頭尾，大蒜瓣切薄片，蘆筍切段，番茄乾切塊，金華火腿切薄片。
3. 炒鍋放油開小火，把大蒜瓣煎成金黃後撈出一半備用，原鍋放入紅蔥頭炒香後放入金華火腿片和胡蘿蔔片同炒，接著放入蘆筍和豌豆同炒，最後放入番茄乾並加一些黑胡椒碎，轉開大火淋一些白葡萄酒嗆鍋，加少許水煮滾後關火，把整鍋材料連同湯汁加入烤盤裡。
4. 把烤盤放入用二百度已預熱十五分鐘的烤箱續烤十五分鐘，確認收汁後即可出爐，出爐後撒上煎好的大蒜片和一些新鮮的小茴香，搭配義大利奇昂第紅酒食用。

食材

- 黃魚
- 豌豆
- 蘆筍
- 胡蘿蔔
- 紅蔥頭
- 番茄乾
- 大蒜瓣
- 小茴香
- 金華火腿片

調料

- 黑胡椒碎
- 海鹽
- 初榨橄欖油

20

紅鰡魚配玫瑰紅酒

1

2

3

4

做法

1. 紅鰡魚排擦乾表面殘水，魚皮劃刀後雙面撒海鹽和黑胡椒碎醃十分鐘，四季豆去頭尾若太長則切成兩段，大蒜瓣去皮切碎，紅蔥頭去皮橫向切薄片，檸檬切瓣，小蔥切珠。
2. 湯鍋放水開大火煮滾後入一撮鹽，放入四季豆煮四分鐘後撈出，過一下冷水並瀝乾備用。
3. 煎鍋放油開大火，魚皮面向下放入魚排煎一分鐘後轉中火續煎二分鐘，翻面續煎一分鐘後出鍋直接裝盤。
4. 小煎鍋放油炒香大蒜碎，加入迪戎芥末醬、白葡萄酒、白糖，煮滾收汁後直接淋在魚排上。
5. 把紅蔥頭薄片和小蔥珠撒在魚排和盤面，四季豆和檸檬瓣一併擺盤，擠幾滴檸檬在魚排上並撒一些乾辣椒碎。
6. 配一杯玫瑰紅酒又是一個愉快的晚餐。

食材

- 紅鰡魚排
- 四季豆
- 紅蔥頭
- 大蒜瓣
- 小蔥
- 法式迪戎芥末醬
- 檸檬
- 乾辣椒碎
- 黑胡椒碎

調料

- 初榨橄欖油
- 海鹽
- 白糖
- 白葡萄酒

21

香茅檸檬魚

做法

1. 蔬菜全部洗淨，檸檬四分之一顆榨汁，四分之三顆取肉切成小丁，香茅切薄片，生薑切片，小蔥切段，香菜切末。
2. 黑鯛魚去內臟去鱗洗淨後內外擦乾，全身塗抹海鹽及白胡椒粉。
3. 煎鍋放油和生薑片，大火熱鍋後把生薑片撥到鍋邊，把魚放入鍋中煎二分鐘後轉開中小火續煎兩分鐘，翻面重複以上步驟，把兩面煎至金黃後取出裝盤備用。
4. 把香茅薄片和檸檬小丁鋪在魚身上。
5. 文蛤放入湯鍋開大火，加一些薑片、小蔥段、香茅進去，等文蛤的殼開始打開加入一些白葡萄酒，等湯汁重新煮滾後離火，用大湯匙取湯汁淋在魚身上，最後撒一些小蔥段和香菜末。
6. 來一杯白蘇維濃葡萄酒配著魚吃。

食材

- 黑鯛魚
- 文蛤
- 香茅
- 檸檬
- 生薑
- 小蔥
- 香菜

調料

- 海鹽
- 白葡萄酒
- 白胡椒粉

1

2

22

鱈魚排佐雞油菌

1

2

3

4

5

做法

1. 鱈魚兩面撒一些黑胡椒碎和海鹽並抹一些橄欖油。
2. 煎鍋放油開中大火等熱鍋後放入鱈魚，煎兩分半鐘後翻面改中火續煎兩分鐘出鍋裝盤。
3. 原煎鍋開小火再放少許橄欖油，炒香紅蔥頭末，加入紫蘇花苞，並擠一些檸檬汁，加少許鹽調味，等收汁後即成魚排醬汁。
4. 炒鍋放橄欖油大火炒熟雞油菌，出鍋前加一些荷蘭芹碎和海鹽。
5. 鱈魚排上撒一些新鮮荷蘭芹碎，並淋上魚排醬汁，把炒好的雞油菌擺在鱈魚排邊上。
6. 配一杯白蘇維濃葡萄酒是不錯的選擇。

食材

- 鱈魚排
- 雞油菌
- 紫蘇
- 檸檬
- 荷蘭芹
- 紅蔥頭

調料

- 黑胡椒碎
- 海鹽

23

香草奶油白醬蝦

做法

1. 小鍋放牛奶，加白胡椒粉和白洋蔥碎用小火煮沸，再用濾網過濾後保溫備用。
2. 炒鍋放奶油開小火融化後，分多次慢慢加入麵粉，拌炒成濃稠醬汁，離火後慢慢加入煮過的牛奶，並用打蛋器不停地攪拌，直到打成濃稠奶油白醬，再加海鹽、肉豆蔻粉和白胡椒粉拌勻即可。
3. 海蝦去殼去泥腸只留尾殼一截，加海鹽、白胡椒粉和橄欖油拌勻後醃五分鐘。
4. 煎鍋放油開小火爆香大蒜碎，轉開大火並放入海蝦兩面煎熟，淋入果渣白蘭地嗆鍋後取出直接裝盤。
5. 另一小煎鍋放油爆香洋蔥碎和蒔蘿碎後加入檸檬汁煮滾，倒入奶油白醬拌勻即成香草奶油白醬。
6. 醬汁裝小碟撒紫蘇，海蝦撒蒔蘿和黃粉二色菊花瓣。
7. 食用時可以用手拿著蝦尾殼沾奶油醬吃。

食材

- 小型海蝦
- 蒔蘿
- 紫蘇
- 黃色雛菊
- 粉色雛菊
- 奶油
- 牛奶
- 白洋蔥
- 麵粉
- 檸檬
- 大蒜瓣

調料

- 白胡椒粉
- 海鹽
- 肉荳蔻粉
- 初榨橄欖油
- 義大利果渣白蘭地

24

蒜泥檸檬蝦

1

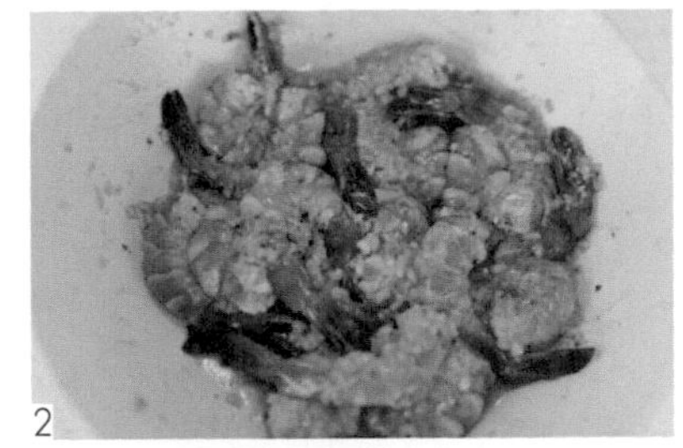

2

3

4

做法

1. 檸檬分別刨取皮末和搾汁，大蒜瓣去皮壓成泥，小蔥切段，生薑切片，荷蘭芹切碎。
2. 草蝦去頭去殼順便去泥腸但保留尾殼一截，把剝好殼的草蝦和檸檬汁、檸檬皮末、蒜泥、匈牙利紅椒粉、辣椒碎、胡椒碎、海鹽、橄欖油，充分攪拌後醃十五分鐘。
3. 剛從草蝦剝取的蝦頭洗淨後放入湯鍋，加水、小蔥段、生薑片、白葡萄酒，開大火煮滾後轉小火熬煮二十分鐘後關火保溫備用。
4. 煎鍋放油開大火先把剛剛醃蝦的醃料炒熟，放入草蝦炒一分鐘後加入一些熬好的蝦頭湯拌勻，續煮一分鐘收汁時放入荷蘭芹碎拌勻，然後直接取出裝盤。
5. 搭配剛剛煮蝦頭剩下的白葡萄酒一起食用。

食材

- 草蝦
- 大蒜瓣
- 檸檬
- 小蔥
- 生薑
- 荷蘭芹

調料

- 初榨橄欖油
- 海鹽
- 黑胡椒碎
- 辣椒碎
- 匈牙利紅椒粉
- 白葡萄酒

25

奶油檸檬大明蝦

做法

1. 大明蝦洗淨不去殼，直接用牙籤從頸部彎曲處挑去泥腸。
2. 檸檬洗淨一半切薄片，另一半刮取皮絲和榨汁。
3. 湯鍋放水開大火，加入生薑片、檸檬片、白葡萄酒煮滾後放入大明蝦，煮一分半鐘後撈出直接放入冰水中冰鎮，等明蝦完全降溫後去頭和殼只留尾殼，把蝦頭和剝好的蝦身直接擺盤。
4. 小煎鍋放無鹽奶油開小火，等奶油一融化立刻關火，迅速加入白葡萄酒、檸檬汁、檸檬皮絲、荷蘭芹碎、海鹽，等拌勻收汁即刻把醬汁取出淋在明蝦上。
5. 最後在盤面擺兩片荷蘭芹嫩葉當裝飾。
6. 搭配一杯冷藏過的白葡萄酒食用。

食材

- 大明蝦
- 檸檬
- 生薑
- 無鹽奶油
- 荷蘭芹

調料

- 海鹽
- 白葡萄酒

26

紫蘇毛豆鳳尾蝦

做法

1. 小型海蝦去頭去殼只留尾殼那一截，撒一些黑胡椒碎和海鹽，淋一些橄欖油醃兩分鐘。
2. 大蒜瓣去皮切薄片，放入加橄欖油的煎鍋用小火把大蒜片煎成金黃後取出備用。
3. 原煎鍋開中火放入小海蝦兩面煎熟，淋一些櫻桃白蘭地嗆鍋後取出即成鳳尾蝦。
4. 原煎鍋開小火放入奶油，等融化後放入迪戎芥末醬，淋一些櫻桃白蘭地，等收汁即成醬汁。
5. 另一炒鍋放油開中火，加入大蒜片炒香後放入毛豆仁稍加拌炒後加一些熱開水，蓋鍋燜三分鐘後確認已熟即出鍋裝盤。
6. 把鳳尾蝦擺在毛豆仁上，淋上奶油芥末醬汁，最後放上煎好的金黃大蒜片及撒滿紫蘇花苞和花朵。

食材

- 小型海蝦
- 毛豆
- 紫蘇
- 大蒜瓣

調料

- 黑胡椒碎
- 海鹽
- 櫻桃白蘭地
- 奶油
- 法式迪戎芥末醬

27

蒜香奶油大明蝦配莎莎醬

做法

1. 蔬菜全部洗淨，大蒜瓣和洋蔥去皮切碎，青椒去蒂去籽後切碎，番茄去籽後切碎，檸檬榨汁。
2. 大明蝦剪開背殼保留頭和尾殼一截，去泥腸後在背部劃刀，撒海鹽和黑胡椒碎醃五分鐘。
3. 洋蔥碎、青椒碎、番茄碎放入調料碗，加黑胡椒碎、海鹽、初榨橄欖油、檸檬汁、白葡萄酒醋、白砂糖，攪拌均勻做成莎莎醬。
4. 煎鍋放橄欖油開大火，放入大明蝦兩面各煎半分鐘，轉中小火放入奶油兩面各煎一分鐘後出鍋裝盤。
5. 原煎鍋放入大蒜碎，炒香後出鍋鋪在大明蝦上，把莎莎醬和新鮮薄荷放在大明蝦旁。
6. 配上一杯冷藏足夠的白蘇維濃葡萄酒，真是人間美味。

食材

- 大明蝦
- 番茄
- 洋蔥
- 青椒
- 薄荷
- 大蒜瓣
- 檸檬

調料

- 初榨橄欖油
- 奶油
- 黑胡椒碎
- 白葡萄酒醋
- 海鹽
- 白砂糖

1

2

28

蒜香檸檬斑節蝦

1

2

3

4

做法

1. 斑節蝦去殼去泥腸保留頭尾，撒黑胡椒碎、小茴香籽搗成的粉、海鹽，淋一些橄欖油，用手翻撥一下，醃十分鐘備用。
2. 大蒜瓣去皮切末，檸檬洗淨刨取檸檬皮絲，杏仁片預先烤成金黃酥脆可以聞到明顯的香氣。
3. 煎鍋放橄欖油用小火把大蒜末煎到金黃並且香氣四溢後迅速取出備用。
4. 原煎鍋轉大火放入之前醃好的斑節蝦，兩面各煎兩分鐘後放入一半事先煎好的大蒜末，快速翻動一下鍋子，然後淋一些苦艾酒嗆鍋後，放入一半切好的荷蘭芹碎簡單混合一下即出鍋裝盤。
5. 裝盤後在蝦上面撒另一半煎好的大蒜末、檸檬皮絲、杏仁片和另一半荷蘭芹碎，並擠一些檸檬汁淋在上面。

食材

- 斑節蝦
- 大蒜瓣
- 荷蘭芹
- 檸檬
- 杏仁片

調料

- 海鹽
- 黑胡椒碎
- 小茴香籽
- 微甜型義大利苦艾酒

29

杏仁檸檬奶油蝦

1

2

3

做法

1. 草蝦洗淨瀝乾用牙籤挑除泥腸不剝殼，檸檬分別切薄片和榨汁，荷蘭芹切碎，生薑切薄片。
2. 湯鍋加少許水煮滾，放入生薑片和檸檬片並淋一些白葡萄酒，等再度水滾放入草蝦汆燙一分半鐘，目測草蝦全身變紅並開始彎曲，撈出放入冰水中冰鎮十五分鐘，取出瀝乾殘水剝除頭和殼只保留尾殼一截，直接裝盤備用。
3. 醬料鍋放奶油開小火，奶油融化後放入事先加開水調好的杏仁粉和燕麥粉漿和檸檬汁，煮滾後加入荷蘭芹碎並加海鹽和蜂蜜攪拌調味，收汁後直接取出淋在草蝦上，放幾朵荷蘭芹嫩葉當擺盤裝飾。
4. 配一杯夏多內或金粉黛白葡萄酒是不錯的選擇。

食材

- 草蝦
- 檸檬
- 荷蘭芹
- 奶油
- 杏仁粉
- 燕麥粉
- 生薑
- 白葡萄酒

調料

- 海鹽
- 蜂蜜

30

蘋果白蘭地乾煎大明蝦

1

2

3

4

做法

1. 大明蝦保留頭和尾的殼，去背殼後開背去泥腸，兩面撒一些黑胡椒碎和海鹽醃五分鐘。
2. 大蒜瓣去皮切碎，帶花苞的小蔥從底部切珠，保留戴花苞那一半不切備用。
3. 煎鍋放油開小火放入大蒜碎炒成金黃後取出備用，原煎鍋不洗再加一些油開大火，熱鍋後放入大明蝦煎半分鐘後轉中火續煎一分鐘，翻面轉開大火煎半分鐘後轉開中火續煎一分鐘，淋一些蘋果白蘭地嗆鍋後裝盤。
4. 明蝦裝盤後把煎鍋鍋底的汁液收集淋在明蝦上，最後撒上備用的大蒜碎和小蔥珠，再撒少許黑胡椒碎。
5. 配一杯白葡萄酒享受大餐吧！小蔥花苞不光是裝飾也可搭配食用。

食材

- 大明蝦
- 大蒜瓣
- 小蔥

調料

- 法國諾曼地蘋果白蘭地
- 黑胡椒碎
- 海鹽
- 橄欖油

31

黃櫛瓜豌豆鳳尾蝦

1

2

3

做法

1. 蔬菜洗淨後，黃櫛瓜切薄片散置於烤盤，淋一些橄欖油並撒一些海鹽後拌勻，放入用二百三十度已預烤十五分鐘的烤箱續烤三十分鐘，出爐後直接裝盤平鋪於盤底。
2. 大蒜瓣去皮壓成蒜泥，檸檬榨汁。
3. 小型海蝦去頭和殼並開背去泥腸只留尾部的殼，剝好的小海蝦加蒜泥、檸檬汁、白胡椒粉、乾辣椒碎、海鹽、橄欖油，拌勻後醃十分鐘。
4. 煎鍋放油開小火先把剛剛醃蝦的醃料炒香，轉開大火放入海蝦兩面各煎一分鐘，接著放入豌豆同炒一分鐘，加些黑胡椒碎調味，淋一些蘋果白蘭地嗆鍋，出鍋後直接鋪於黃櫛瓜片上，最後撒上小茴香嫩葉。
5. 食用時來一杯冷藏過的白葡萄酒。

食材

- 小型海蝦
- 黃櫛瓜
- 豌豆
- 大蒜瓣
- 檸檬
- 小茴香

調料

- 白胡椒粉
- 海鹽
- 黑胡椒碎
- 烤過的乾辣椒碎
- 蘋果白蘭地

32

羅勒蒜香小海蝦

做法

1. 小海蝦去頭去殼去泥腸留最後一節尾殼，撒黑胡椒碎、海鹽、茶籽油醃五分鐘。
2. 大蒜瓣去皮一半切薄片一半切碎末，羅勒洗淨挑帶花苞的嫩葉備用。
3. 煎鍋放油用小火先把大蒜片煎香接著放入大蒜末煎香，等到呈金黃色時盛出備用。
4. 原煎鍋再放少許油，放入小海蝦用中大火把兩面煎熟，出鍋前淋一些櫻桃白蘭地嗆鍋。
5. 西餐盤中間鋪上煎好的大蒜片，接著放上小海蝦，撒上煎好的大蒜末及檸檬羅勒花苞，擠幾滴新鮮檸檬汁。
6. 最後在西餐盤邊上佈滿帶花苞的檸檬羅勒嫩葉。

食材

- 小海蝦
- 大蒜瓣
- 檸檬羅勒
- 檸檬

調料

- 櫻桃白蘭地
- 黑胡椒碎
- 海鹽
- 茶籽油

33

煎海蝦配烤蔬菜

1 2 3

做法

1. 草蝦洗淨後去頭去殼去泥腸，只保留尾殼一截，加海鹽、黑胡椒碎和一些初榨橄欖油拌勻，醃製十分鐘備用。
2. 蔬菜全部洗淨瀝乾，綠櫛瓜和南瓜切片，茄子切長條，青椒、紅燈籠椒、黃燈籠椒去蒂去籽後切長條，檸檬分別刮取檸檬皮碎和榨汁。
3. 切好的蔬菜放在有網架的烤盤上，放入用二百三十度已預熱十五分鐘的烤盤續烤三十分鐘，出爐後把食材取出放入沙拉碗中，加海鹽、黑胡椒碎、初榨橄欖油拌勻後裝盤。
4. 煎鍋放油開中火放入蝦子，兩面煎熟後淋一些果渣白蘭地嗆鍋，把蝦子取出鋪在烤蔬菜上。
5. 接著撒上荷蘭芹碎、檸檬皮碎、乾辣椒碎，並淋一些檸檬汁，最後擺上迷迭香當裝飾。

食材

- 草蝦
- 綠櫛瓜
- 南瓜
- 青椒
- 紅燈籠椒
- 黃燈籠椒
- 茄子
- 迷迭香
- 荷蘭芹

調料

- 黑胡椒碎
- 乾辣椒碎
- 檸檬
- 初榨橄欖油
- 果渣白蘭地

34

小海蝦配胡蘿蔔橙子醬

1

2

3

4

5

6

做法

1. 小海蝦留尾巴最後一截其餘去殼，開背取出泥腸後撒一些海鹽及黑胡椒碎並淋一些橄欖油，簡單搓拌後醃十分鐘。
2. 橙子及檸檬洗淨後刮絲備用，一顆橙子去皮切薄片，另一顆橙子去皮取肉切成小丁，檸檬取汁，胡蘿蔔去皮一半切小丁另一半打成泥，香菜切碎，以上食材混合並加肉豆蔻粉、海鹽、初榨橄欖油調成醬汁。
3. 煎鍋放油以小火煎蒜片後撈出，轉中大火後放入醃好的小海蝦，兩面各煎兩分鐘後用白蘭姆酒嗆鍋後起鍋。
4. 小海蝦及橙片裝盤，附上醬汁並鋪一些橙子皮絲和檸檬皮絲及香菜裝飾。

食材

・小型海蝦（沙蝦）
・胡蘿蔔
・橙子
・檸檬
・香菜

調料

・黑胡椒碎
・天然海鹽
・初榨橄欖油
・白蘭姆酒
・肉豆蔻粉

35

生蠔煎蛋

1 2 3

做法

1. 蔬菜洗淨後，小蔥和香菜切末，生薑用磨泥器磨成泥。
2. 剝殼的新鮮生蠔用水清洗時加一些海鹽，稍微拌洗後，倒掉污水，改用清水再清洗兩遍，然後瀝乾殘水備用。
3. 把雞蛋打散於大碗內，打成蛋液後放入洗好的生蠔，加海鹽、白胡椒粉、白芝麻油、薑泥、小蔥末、香菜末，稍微拌勻成生蠔蛋液。
4. 煎鍋放茶籽油開中火，熱鍋後放入生蠔蛋液，等蛋液稍微凝固轉開小火，蓋鍋燜煎十分鐘確認生蠔煎熟，撒上剩下的小蔥與香菜末即出鍋裝盤。
5. 配上一杯熟成的夏多內白葡萄酒，滋味甚是美妙。

食材

・生蠔
・雞蛋
・小蔥
・香菜

調料

・海鹽
・白胡椒粉
・白芝麻油
・薑泥

36

香辣小墨魚

1

2

3

4

5

做法

1. 大蒜瓣去皮切片，紅蔥頭切片剝圈，大蔥選綠色尾部切圈，紅辣椒切圈去籽。
2. 小墨魚去皮（保留頭皮），去內臟，洗淨後瀝乾，然後放入加有薑片、大蔥片及白葡萄酒的滾水鍋中汆燙三十秒後用漏杓撈出備用。
3. 煎鍋放茶籽油小火爆香大蒜片後取出備用，原鍋放入紅蔥頭圈、大蔥圈、辣椒圈炒香後，轉大火放入燙好的小墨魚，快炒約兩分鐘後加黑胡椒碎、小茴香粉、辣椒粉、海鹽調味後取出裝盤。
4. 裝盤後鋪上之前煎好的大蒜片，並撒一些新鮮的紅蔥頭圈、大蔥尾圈裝飾。

食材

・小墨魚
・紅蔥頭
・大蔥
・紅辣椒
・大蒜瓣
・生薑

調料

・海鹽
・小茴香粉
・辣椒粉
・黑胡椒碎
・白葡萄酒

37

辣味豌豆小章魚

做法

1. 大蒜切末，紅辣椒切圈去籽，豌豆去莢取豆仁。
2. 小章魚洗淨擦乾，撒一點海鹽、黑胡椒碎，淋一點橄欖油醃五分鐘。
3. 煎鍋放油以小火炒香蒜末後取出備用，原鍋轉大火放入醃好的小章魚炒熟後加一點櫻桃白蘭地嗆鍋，關火靜置。
4. 另一淺鍋放油以大火炒豌豆一分鐘後加點水，等水氣消散後加一半事先煎好的大蒜末，倒入煎鍋裡的小章魚並加入紫梗羅勒及紅辣椒圈，快速拌炒後取出。
5. 裝盤時撒上另一半煎好的大蒜末及一點辣椒粉，並以紫梗羅勒的花蕾裝飾。

食材

- 小章魚
- 豌豆
- 紅辣椒
- 大蒜瓣
- 紫梗羅勒

調料

- 黑胡椒碎
- 海鹽
- 辣椒粉
- 小茴香籽
- 橄欖油

38

文蛤冷盤開胃菜

做法

1. 文蛤吐沙乾淨後用水把殼搓洗乾淨。
2. 湯鍋放入文蛤、生薑片、小蔥段，加一些白葡萄酒，蓋鍋開大火，等第一顆文蛤打開時掀蓋並晃動一下湯鍋，接著把文蛤全部出鍋，每顆折掉沒肉的那一半殼，把含肉的那一半文蛤連殼一起裝盤。
3. 蔬菜洗淨，番茄底部劃十字放入滾水燙十五秒後取出去皮切碎，洋蔥去皮切碎，紅燈籠椒去蒂去籽切碎，小蔥切碎，以上所有材料除小蔥碎外放入小碗，加海鹽、白葡萄酒醋、黑胡椒碎、初榨橄欖油，攪拌均勻調成醬汁。
4. 用小湯匙取醬汁鋪在每顆文蛤肉上，撒上小蔥碎，再淋少許初榨橄欖油即可。
5. 這是一道清爽的開胃菜，百吃不厭。

食材

- 文蛤
- 生薑片
- 小蔥
- 洋蔥
- 紅燈籠椒
- 番茄

調料

- 海鹽
- 黑胡椒碎
- 白葡萄酒醋
- 初榨橄欖油
- 白葡萄酒

1

2

39

雪莉酒煮雙貝

1

2

3

做法

1. 吐好沙的文蛤和赤嘴貝洗淨後瀝乾，荷蘭豆洗淨後去蒂，番茄乾切小丁，大蒜瓣去皮後切碎。
2. 一深鍋放少許油開小火炒香大蒜碎和小茴香，轉開大火加入文蛤和赤嘴貝，淋一些雪莉酒和少許開水蓋鍋燜煮，預計四分鐘後貝殼打開即刻關火取出。
3. 另一炒鍋放油開小火加入大蒜碎和番茄乾炒香後，加入豌豆，荷蘭豆和黑胡椒碎稍微炒一下，轉開大火並加入少許開水，蓋鍋燜煮三分鐘後開鍋，加入煮好的貝殼整鍋材料並拌勻，續煮一分鐘後出鍋連同湯汁一起裝盤。
4. 裝盤後撒上新鮮小茴香花蕊並淋少許初榨橄欖油。
5. 食用時備一支湯匙連同湯汁一起食用，配一杯冷藏過的白蘇維濃白酒是很好的選擇。

註：貝類烹煮過程會釋放出海水的鹹味，基本上不用再加鹽調味。

食材

- 文蛤
- 赤嘴貝
- 小茴香
- 大蒜瓣
- 番茄乾
- 豌豆
- 荷蘭豆

調料

- 微甜型雪莉酒
- 黑胡椒碎
- 初榨橄欖油

40

蘋果白蘭地煮雙貝

做法

1. 蔬菜全部洗淨，洋蔥和大蒜去皮切碎，荷蘭芹切碎，荷蘭豆去蒂。
2. 深鍋放油開小火炒軟洋蔥碎，放入文蛤和赤嘴貝轉開大火，加入蘋果白蘭地和荷蘭芹碎，只要煮滾時貝類開殼即可關火靜置。
3. 另一炒鍋放油開小火，炒香大蒜碎後加入豌豆和荷蘭豆，加少許開水續煮二分鐘，加入煮貝的整鍋材料，加少許黑胡椒碎並拌勻續煮一分鐘後出鍋。
4. 裝盤後再撒一些新鮮荷蘭芹碎並淋少許初榨橄欖油。

註：貝類本身會釋放相當的鹽份，基本不用再加鹽調味。

食材

- 文蛤
- 赤嘴貝
- 豌豆
- 荷蘭豆
- 荷蘭芹
- 諾曼地蘋果白蘭地
- 洋蔥
- 大蒜瓣

調料

- 初榨橄欖油
- 黑胡椒碎

43

白酒小蔥蒸花蛤

1

2

3

4

5

做法

1. 花蛤吐好沙後洗淨瀝乾，小蔥切珠保留花苞，生薑切片。
2. 深鍋放入花蛤、大部分小蔥珠、薑片，淋一些白葡萄酒，蓋鍋開大火煮大約三至四分鐘，只要花蛤一開殼就晃動一下鍋子，接著出鍋裝盤並撿出薑片棄用。
3. 裝盤後撒上剩下的小蔥珠和花苞，淋一些初榨橄欖油並撒上四色胡椒碎。
4. 食用時配一杯剛剛蒸花蛤的義大利白葡萄酒。

註

1. 小蔥花苞可一起食用，帶有一點辛辣和微甜的清香味道，和花蛤、白酒形成一種絕妙組合。
2. 花蛤本身的鹹度已足夠不須再加鹽調味。

食材

- 義大利白葡萄酒
- 帶花苞的小蔥
- 生薑
- 花蛤

調料

- 四色胡椒碎
- 初榨橄欖油

CHAPTER 2

肉 類

01

蒜香羊排配馬鈴薯

做法

1. 馬鈴薯削皮水煮十二分鐘後撈出切塊，綠櫛瓜切片，紅蔥頭去皮縱向切兩半，大蒜瓣去皮切碎。
2. 羊排兩面撒黑胡椒碎和海鹽醃十分鐘。
3. 煎鍋放油開中火，放入馬鈴薯塊、綠櫛瓜片和紅蔥頭，煎至金黃後加少許海鹽調味即刻出鍋裝盤擺在餐盤的較外緣。
4. 另一煎鍋放油開大火放入新鮮迷迭香，熱鍋到開始起煙時放入羊排，兩面各煎二分半鐘即刻出鍋裝盤。
5. 煎鍋開中火放少許橄欖油，把大蒜碎煎炒至金黃時放入奶油，奶油融化出現大量氣泡時即可出鍋澆在羊排上，最後擺上新鮮迷迭香當裝飾。
6. 食用時開一瓶波爾多頂級紅酒，預先醒酒二十分鐘，羊排配紅酒，啊！人生至此夫復何求。

食材

- 薄切羊排
- 馬鈴薯
- 綠櫛瓜
- 紅蔥頭
- 大蒜瓣
- 迷迭香
- 奶油（黃油）

調料

- 初榨橄欖油
- 海鹽
- 黑胡椒碎

1

2

02

咖喱羊肉

做法

1. 羊腿肉切大塊，撒黑胡椒碎和少許岩鹽醃五分鐘，然後用腿肉剔出來的羊肥肉大火煎香，多餘的羊油盛出備用，淋一些白蘭地嗆鍋後靜置。
2. 蔬菜全部洗淨後，大蒜瓣和胡蘿蔔去皮切片，蘑菇切薄片，洋蔥切絲，西芹和番茄切小丁。
3. 深鍋開小火放羊油炒香孜然和小肉豆蔻，加入大蒜片和洋蔥絲，大蒜香氣出來時，放入胡蘿蔔片及蘑菇片轉中火炒大約十五分鐘，當以上食材熟軟後，轉大火放入番茄丁炒到番茄成泥狀，加入咖喱粉拌炒均勻後，放入煎好的羊肉及足夠的熱開水，煮滾後轉小火慢炖二小時後加入西芹和岩鹽，再煮十分鐘後出鍋裝盤。
4. 裝盤後撒一些香菜碎末即可上桌。
5. 配白米飯或烤餅。

註：小火慢炖二小時期間，每隔半小時要拌翻一下鍋底，避免糊鍋燒焦。

食材

- 羊腿肉
- 番茄
- 胡蘿蔔
- 蘑菇
- 西芹
- 洋蔥
- 大蒜
- 香菜

調料

- 黑胡椒
- 孜然
- 小肉豆蔻
- 咖喱

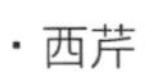

03

迷迭香奶油羊排

1

2

3

做法

1. 新鮮迷迭香切末，櫻桃蘿蔔切薄片，杏仁片預先烤成金黃酥脆。
2. 羊排上雙面撒迷迭香末、黑胡椒碎、岩鹽，並淋一點茶籽油，醃十分鐘。
3. 煎鍋放少許茶籽油用大火煎羊排每面煎三分鐘，共煎六分鐘後，轉開中小火，放入一塊無鹽奶油，待奶油融化稍微翻面讓羊排沾滿奶油後，淋一點蘇格蘭威士忌嗆鍋然後迅速出鍋裝盤。
4. 裝盤後撒上杏仁片、櫻桃蘿蔔切片、薄荷葉，以新鮮迷迭香裝飾，並從煎鍋底取一點醬汁淋在羊排上。

食材

- 羊排
- 迷迭香
- 櫻桃蘿蔔
- 薄荷
- 杏仁片

調料

- 岩鹽
- 黑胡椒碎
- 無鹽奶油
- 蘇格蘭威士忌

04

蘑菇燉羊肉

做法

1. 羊腿肉切中塊狀撒黑胡椒碎、岩鹽，淋上橄欖油，用手拌一下醃十分鐘後，放入煎鍋開大火把羊肉煎香，出鍋時淋義大利果渣白蘭地嗆鍋。
2. 蔬菜全部洗淨，洋蔥去皮切細絲，大蒜瓣及胡蘿蔔去皮切薄片，馬鈴薯削皮切中塊，蘑菇一部分切四瓣，一部分切薄片，荷蘭芹切碎，豌豆去莢取豌豆粒。
3. 深鍋開小火加熱橄欖油後放入大蒜片、洋蔥絲、胡蘿蔔薄片、月桂葉、黑胡椒碎，待洋蔥絲炒軟後，加入蘑菇轉中火炒五分鐘後加入義大利綜合香料、匈牙利紅椒粉、煎好的羊肉及足夠的熱開水，轉大火煮滾後轉小火續炖一個半小時，加入馬鈴薯塊續炖二十分鐘後，加入豌豆續炖四分鐘，加岩鹽調味後起鍋，撒上新鮮荷蘭芹碎。
4. 配波爾多紅酒及法棍烤麵包食用。

註：續燉一個半小時期間，每隔半小時要拌翻一下鍋底，避免糊鍋燒焦。

食材

- 羊腿肉
- 蘑菇
- 胡蘿蔔
- 洋蔥
- 大蒜瓣
- 馬鈴薯
- 豌豆
- 荷蘭芹

調料

- 義大利乾燥綜合香料
- 黑胡椒碎
- 月桂葉
- 義大利果渣白蘭地
- 岩鹽
- 匈牙利紅椒粉

05

小羊排佐酸豆蛋沙拉醬

做法

1. 小羊排撒上岩鹽、黑胡椒碎，醃十分鐘。
2. 雞蛋在水滾時用大火煮七分鐘後浸冷水放涼剝殼，蛋黃和蛋白分離。
3. 蛋黃放碗裡搗碎加入迪戎芥末醬，徐徐加入初榨橄欖油用攪拌棒拌成泥，小蔥、醃漬小洋蔥、酸豆、醃漬白醋蒜瓣、新鮮荷蘭芹、煮熟的蛋白，以上全部切碎混入上述蛋黃芥末泥中 撒一些岩鹽、黑胡椒碎，並淋上檸檬汁，充分攪拌成酸豆蛋沙拉醬。
4. 黃櫛瓜切薄片，用油在煎鍋中兩面煎至金黃熟軟，撒少許岩鹽調味後盛出備用。
5. 煎鍋放茶籽油大火燒熱，放入小羊排煎一分鐘轉小火續煎三分鐘後翻面，重複以上煎法共四分鐘，於倒數三分鐘時加入一塊無鹽奶油，小羊排起鍋後靜置五分鐘。
6. 小羊排、黃櫛瓜裝盤，淋上醬汁，以新鮮迷迭香裝飾。

食材

- 小羊排
- 黃櫛瓜
- 迷迭香
- 荷蘭芹
- 雞蛋
- 小蔥
- 醃漬小洋蔥
- 酸豆
- 醃漬白醋蒜

調料

- 迪戎芥末醬
- 黑胡椒碎
- 岩鹽

06

蒜香奶油羊排

1

2

3

4

做法

1. 厚切羊排兩面撒黑胡椒碎和海鹽醃製十分鐘。
2. 胡蘿蔔削皮橫向切厚片，單瓣紅蔥頭去皮縱向切兩半，大蒜瓣去皮切碎。
3. 煎鍋放橄欖油油開大火先入幾枝新鮮迷迭香，鍋熱到微微起煙時放入羊排，煎二分鐘後轉中小火續煎一分半鐘，翻面重複以上步驟，共煎七分鐘後丟棄迷迭香然後出鍋裝盤。
4. 胡蘿蔔先入加鹽的滾水煮二分鐘，接著放入豌豆續煮二分鐘，然後一起撈出備用。
5. 小煎鍋放橄欖油開中小火，入紅蔥頭煎三分鐘，然後放胡蘿蔔和豌豆同炒，一分鐘後全部取出放於羊排旁邊。
6. 原小煎鍋放橄欖油，把大蒜碎煎炒至金黃時放入奶油，待奶油融化出現大量汽泡時即可取出澆撒在羊排上。
7. 接下來來一杯頂級的波爾多紅酒絕對是必要的。

食材

・厚切羊排
・大蒜瓣
・單瓣紅蔥頭
・胡蘿蔔
・豌豆
・迷迭香
・奶油（黃油）

調料

・初榨橄欖油
・黑胡椒碎
・海鹽

07

烤羊肉串

1

2

3

4

5

6

做法

1. 洋蔥去皮，青椒去蒂去籽，大蒜瓣去皮切末，新鮮迷迭香取整根枝椏，去掉嫩葉只保留尾部嫩葉。
2. 羊排、洋蔥和青椒切成一口的大小，羊排肉加大蒜末、黑胡椒碎、海鹽、高粱酒、橄欖油拌勻，醃製十分鐘備用。
3. 用迷迭香枝椏刺穿洋蔥，青椒和羊肉，重複此步驟穿成羊肉串。
4. 煎鍋放油開大火，熱鍋後放入羊肉串，把羊肉串四面煎成金黃，此步驟大約花費三分鐘。
5. 把煎好的羊肉串移入烤盤，放入用二百三十度已預熱十五分鐘的烤箱續烤五分鐘，出爐後裝盤並放些新鮮迷迭香裝飾，附上孜然碎和乾辣椒碎，食用時視個人喜好撒在羊肉串上。
6. 剛好初冬還有薄酒萊新酒，配上一杯就太好了。

食材

- 羊排
- 新鮮迷迭香
- 洋蔥
- 青椒
- 大蒜瓣

調料

- 黑胡椒碎
- 海鹽
- 初榨橄欖油
- 清香型高粱酒
- 孜然
- 乾燥辣椒碎

08

番茄燉牛肉

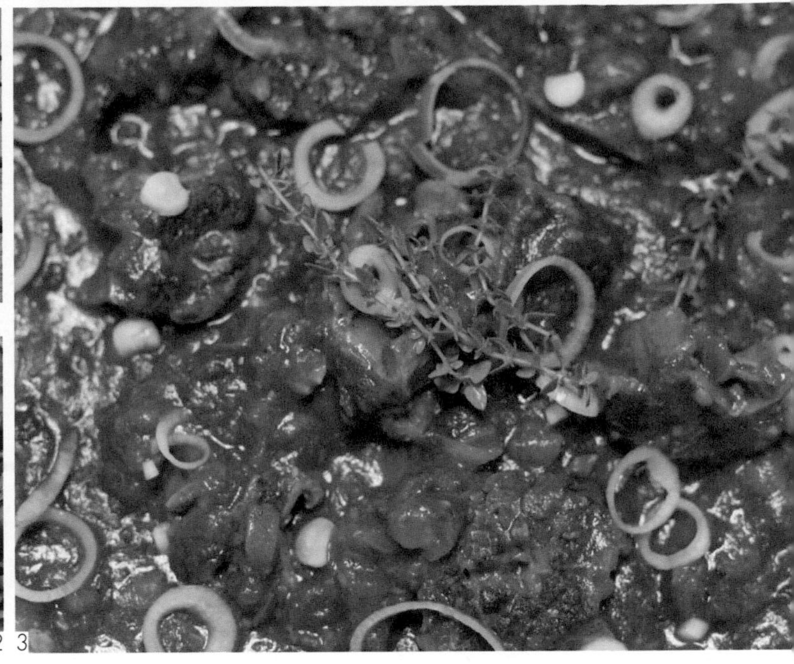

做法

1. 蔬菜全部洗淨後，番茄切小丁，洋蔥去皮切小丁，大蒜瓣去皮切末，蘑菇切薄片，紅蔥頭去皮切薄片拆成圈圈。
2. 牛腩切大塊撒一些黑胡椒碎及海鹽醃兩分鐘，煎鍋開中大火放油熱鍋後放入牛腩煎至上色，待香味出來淋一些白蘭地嗆鍋後即取出備用。
3. 燉鍋中開小火放油，炒香大蒜末後放入洋蔥丁、蘑菇片、月桂葉，炒到洋蔥變軟時轉開中大火加入番茄丁和百里香束，並加少許海鹽和黑胡椒碎，等番茄炒到變成番茄泥時放入之前煎好的牛腩，加入足夠的開水用大火煮滾後轉小火燉兩小時，中途每隔半小時要攪拌一下防止黏鍋。
4. 出鍋前加入匈牙利紅椒粉調色並視需要再加海鹽調味，裝盤後放百里香及紅蔥頭圈裝飾。

食材

- 牛腩
- 番茄
- 洋蔥
- 大蒜瓣
- 紅蔥頭
- 百里香
- 蘑菇

調料

- 黑胡椒碎
- 海鹽
- 月桂葉
- 匈牙利紅椒粉
- 干邑白蘭地

09

煎肋眼牛排

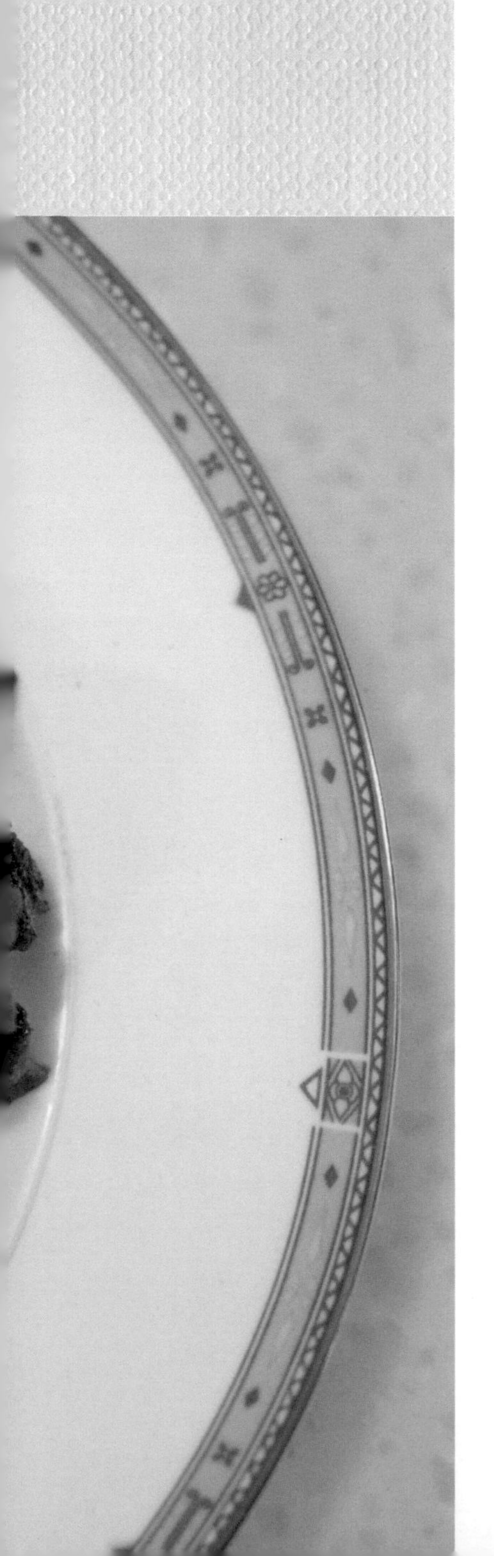

做法

1. 肋眼牛排擦乾表面血水，雙面撒上鹽、黑胡椒碎。
2. 淋上少許茶籽油，輕輕按壓後醃漬十分鐘。
3. 煎鍋內放少許油，開大火煎牛排。
4. 煎兩分鐘後轉中小火續煎一分鐘後翻面。
5. 開大火煎一分鐘後轉中小火續煎兩分鐘。
6. 牛排離鍋後置於粘板上靜置十分鐘切成片狀。
7. 裝盤時配上迷迭香、大蔥片、醋蒜瓣。

註：醋蒜瓣乃用帶皮大蒜瓣加白米醋、糖、鹽，醃漬一個月而成，配牛排可解油膩。

食材

- 肋眼牛排
- 迷迭香
- 醃醋蒜
- 大蔥

調料

- 黑胡椒碎
- 天然海鹽
- 茶籽油

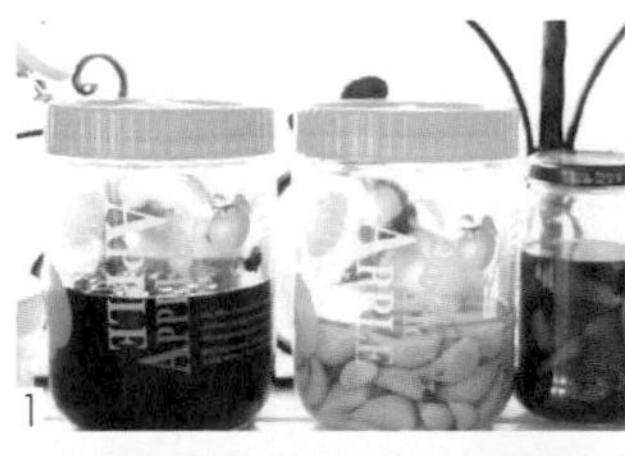

1

2

3

10

紅酒燉牛肉配白米飯

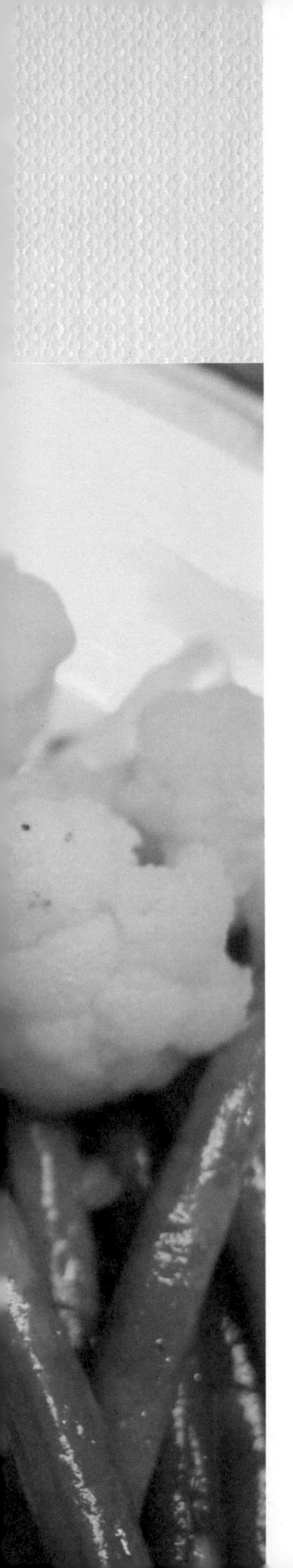

做法

1. 蔬菜洗淨，胡蘿蔔去皮切半月型塊狀，洋蔥去皮切絲，大蒜瓣去皮切薄片，西芹切丁，蘑菇切薄片，四季豆去頭尾，白花椰菜切瓣。
2. 牛腩切五公分左右大塊，撒黑胡椒碎和岩鹽醃十分鐘，煎鍋放油開大火放入牛腩把每面煎炙上色，淋一些干邑白蘭地嗆鍋後離火備用。
3. 燉鍋放油開小火炒香大蒜瓣，放入洋蔥絲炒到變軟，轉開中大火放入月桂葉、胡蘿蔔、蘑菇、西芹，炒到蘑菇變色，加一些黑胡椒碎和岩鹽調味，接著加入煎好的牛腩、百里香、紅酒和蔬菜高湯，大火煮滾後轉小火燉二小時，收汁前十分鐘加入匈牙利紅椒粉即可出鍋裝盤。
4. 把煮好的米飯，燙熟的花椰菜，炒熟的四季豆以及燉好的牛腩一起裝盤，配一杯濃郁的法國酒開始享用。

食材

- 牛腩
- 胡蘿蔔
- 洋蔥
- 西芹
- 四季豆
- 白花椰菜
- 蘑菇
- 檸檬百里香
- 大蒜瓣

調料

- 橄欖油
- 岩鹽
- 月桂葉
- 紅葡萄酒
- 黑胡椒碎
- 紅椒粉

11

滷烤牛腱肉配番茄大蒜

1

2

3

4

5

6

做法

1. 大番茄和整顆大蒜用刀橫向一分為二。
2. 取一燉鍋放入牛腱子肉，去皮大蒜瓣、生薑片、大蔥段、月桂葉、肉豆蔻、小茴香籽，加水蓋過肉面，撒一些海鹽和冰糖後開大火煮開，撈除浮沫轉小火續燉二小時後關火燜半小時，取出牛腱放涼後用刀縱向切成兩半。
3. 取一烤盤底部淋一些油，把牛腱肉斷面朝下放入，大番茄和大蒜斷面朝上放入，牛腱表面淋橄欖油並撒滿滿的黑胡椒碎，番茄表面撒黑胡椒碎、海鹽、百里香和橄欖油，大蒜表面只淋橄欖油，放入迷迭香並淋橄欖油，用二百三十度預熱十五分鐘的烤箱續烤三十分鐘，出爐後丟棄迷迭香其餘裝盤，另換上一枝新鮮迷迭香。
4. 洋蔥碎放橄欖油炒香，放少許牛腱肉滷汁和奶油，待奶油融化煮成醬汁淋在牛肉上，食用時搭配波爾多紅酒。

食材

- 牛腱子肉
- 大番茄
- 整粒大蒜
- 迷迭香
- 月桂葉
- 小茴香籽
- 肉荳蔻
- 大蒜瓣
- 生薑
- 大蔥
- 百里香
- 洋蔥
- 奶油

調料

- 海鹽
- 黑胡椒碎
- 冰糖
- 橄欖油

12

馬鈴薯胡蘿蔔燉牛肉

做法

1. 牛腿肉切大塊撒一些黑胡椒碎和岩鹽醃五分鐘。
2. 煎鍋開大火放橄欖油，把牛腿肉放入後快速煎至四面上色，淋一些義大利果渣白蘭地嗆鍋後取出備用。
3. 蔬菜全部洗淨後，胡蘿蔔削皮切大塊，馬鈴薯削皮一半切大塊一半切小丁，番茄底部用刀劃十字放入滾水中燙十五秒，撈出後剝皮切小丁，洋蔥去皮切小丁。
4. 燉鍋中放油開小火把洋蔥丁炒軟，加一些黑胡椒碎及月桂葉同炒，接著放入番茄小丁炒時加一點鹽，等番茄丁炒成泥時放入煎好的牛腿肉、胡蘿蔔丁及一小束百里香，加熱開水熬煮一小時半後加入馬鈴薯大丁及小丁，續熬半小時確認馬鈴薯小丁已融化及試味道後，出鍋裝盤並擺一些荷蘭芹做裝飾。

註：在熬煮過程，馬鈴薯大丁可留住食材的形狀，而馬鈴薯小丁會融化增加燉肉的滑潤感。

食材

- 牛腿肉
- 馬鈴薯
- 胡蘿蔔
- 番茄
- 洋蔥
- 荷蘭芹
- 百里香

調料

- 月桂葉
- 黑胡椒碎
- 意大利果渣白蘭地
- 岩鹽

13

牛肉腸佐秋蔬

做法

1. 栗子去皮後和香菇一起在煎鍋中油煎五分鐘，然後加水蓋鍋悶煮二十分鐘直至栗子鬆軟。
2. 蓮藕去皮切片用滾水燙三分鐘在倒數一分鐘時放入秋葵，然後一起用漏勺取出後放入煎鍋和栗子、香菇同炒一分鐘，起鍋前加鹽和黑胡椒碎調味。
3. 原味牛肉腸以中小火用小煎鍋加油煎十分鐘，待外表焦黃後取出，靜置十分鐘後切成斜段狀。
4. 全部食材擺盤後放一些羅勒及大蒜切片。
5. 吃牛肉腸時來一杯紅酒並配上秋天的蔬菜算是對秋的禮贊。

食材

- 原味牛肉腸
- 秋葵
- 蓮藕
- 栗子
- 新鮮香菇
- 新鮮羅勒
- 大蒜瓣

調料

- 天然海鹽
- 黑胡椒碎

14

莎朗厚牛排佐蘑菇芥末醬

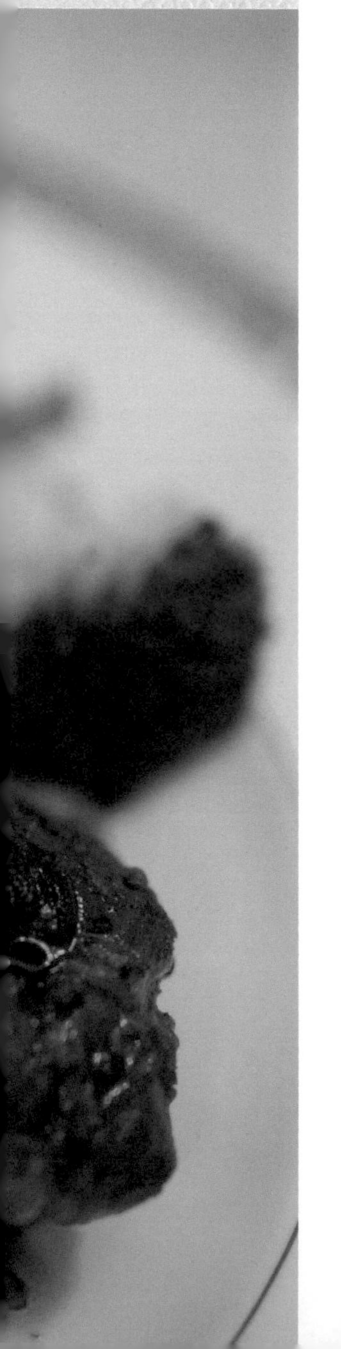

1

2

3

4

做法

1. 蔬菜全部洗淨後，綠花椰菜切瓣，蘑菇切薄片，紅蔥頭切碎末。
2. 莎朗厚牛排撒黑胡椒碎和海鹽並抹一些橄欖油醃一下。
3. 煎鍋放橄欖油開中大火等熱鍋後放入沙朗牛排，煎一分鐘後轉小火續煎兩分鐘然後翻面，轉開中大火煎一分鐘然後轉小火再煎兩分鐘，接著出鍋裝盤。
4. 綠花椰菜加鹽燙熟，蘆筍及小番茄用油煎熟。
5. 另一平底鍋開中小火加入奶油，等奶油融化加入紅蔥頭碎末及蘑菇片炒香，淋一些威士忌，轉小火加入迪戎芥末籽醬及迪戎芥末醬、淡奶油、黑胡椒碎、海鹽，製成蘑菇芥末醬汁。
6. 牛排旁淋上醬汁並擺上蘆筍、綠花椰菜、小番茄。

食材

- 莎朗牛排
- 蘆筍
- 小番茄
- 綠花椰菜
- 蘑菇
- 紅蔥頭

調料

- 黑胡椒碎
- 奶油
- 淡奶油
- 法式迪戎芥末醬
- 法式迪戎芥末籽醬
- 威士忌
- 海鹽

15

咖喱牛肉

做法

1. 洋蔥及薑切絲，大蔥切薄片，胡蘿蔔、番茄切小丁，馬鈴薯、山藥切大丁，蘑菇整顆擦乾淨。
2. 牛腿肉切大塊，撒黑胡椒碎、岩鹽，淋茶籽油用手稍微攪拌一下醃五分鐘。煎鍋開大火不加油，直接放入牛腿肉塊兩面各煎二分鐘，淋一些白蘭地嗆鍋後關火靜置。
3. 深鍋放油開小火，放入孜然及小肉豆蔻籽等香氣出來加入洋蔥絲、薑絲、蘑菇、胡蘿蔔丁，炒約十五分鐘後，加入番茄丁轉大火，等番茄丁炒熟軟成泥狀，加開水、薑黃粉、印度咖哩粉、煎好的牛肉塊、大蔥薄片、岩鹽等煮滾後轉小火續燜煮二小時，中途每隔半小時攪拌鍋底。
4. 馬鈴薯及山藥另取一鍋煮二十分鐘熟軟後撈出瀝乾。
5. 咖哩牛肉出鍋後撒一些大蔥絲，裝盤時一半馬鈴薯及山藥，一半咖哩里牛肉，兩者配著食用。

食材

- 牛腿肉
- 胡蘿蔔
- 洋蔥
- 大蔥
- 番茄
- 蘑菇
- 馬鈴薯
- 山藥

調料

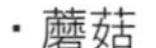

- 孜然
- 小肉豆蔻
- 薑絲
- 薑黃粉
- 印度咖哩粉

16

牛肉切片配胡蘿蔔烤番茄

1

2

3

4

5

做法

1. 燉鍋放牛腱子肉，加水、八角、月桂葉，去皮大蒜瓣、生薑片、大蔥段、醬油、米酒、冰糖，大火煮開撈除浮沫轉小火續燉二小時，取出放涼後切薄片直接擺盤。
2. 小胡蘿蔔洗淨入湯鍋用滾水煮，預計煮六分鐘後撈出。
3. 炒鍋放油開中火爆香大蒜片，放入小蔥末和紫洋蔥絲快速拌炒一下，加一些黑胡椒碎和海鹽調味，把炒料和油一起取出放在牛肉片上。
4. 原炒鍋不洗不關火，把剛撈出的小胡蘿蔔放入拌炒一下，然後直接取出擺盤。
5. 小番茄、帶皮大蒜瓣、迷迭香放入烤盤撒一些黑胡椒碎、海鹽，淋一些橄欖油，放入用二百度已預烤十五分鐘的烤箱續烤二十分鐘，出爐後把小番茄和去皮的大蒜瓣裝盤，最後擺上市售的墨西哥式玉米脆片。

食材

- 牛腱子肉
- 小胡蘿蔔
- 小番茄
- 大蒜瓣
- 小蔥
- 紫洋蔥
- 烤好的墨西哥式玉米脆片
- 迷迭香

調料

- 黑胡椒碎
- 橄欖油
- 海鹽
- 醬油
- 冰糖
- 月桂葉
- 薑片
- 大蔥

17

麻辣牛肉冷盤

做法

1. 牛腱子肉放入陶鍋注入半鍋水加入滷牛腱子肉配料大火煮滾後轉小火燉兩小時，靜置十分鐘後取出放涼切片備用。
2. 黃色燈籠椒去籽切條，紫洋蔥切絲，胡蘿蔔削皮切薄片，香菜切大段，以上食材放大碗內加海鹽、黑胡椒碎、白米醋、糖，拌勻做成冷盤配菜。
3. 另一大碗裡放花椒粒及乾辣椒，注入燒開的滾油，靜置五分鐘後加入之前切好的滷牛肉，滴一些芝麻香油拌勻，視需要加一些海鹽調整味道。
4. 裝盤時把冷盤配菜鋪在盤底，再放上拌好的麻辣牛肉切片，以香菜葉裝飾即可。
5. 食用時麻辣牛肉片和配菜一起吃。

食材

- 牛腱子肉
- 胡蘿蔔
- 紫洋蔥
- 黃燈籠椒
- 香菜
- 花椒
- 乾辣椒
- 白米醋

調料（滷牛腱子肉配料）

- 薑片
- 蒜瓣
- 花椒
- 孜然
- 大蔥
- 八角茴香
- 小肉豆蔻
- 肉桂
- 醬油
- 清香型高粱酒
- 冰糖
- 海鹽

18

莎朗薄片牛排

做法

1. 蔬菜全部洗淨，胡蘿蔔、西芹、洋蔥切塊，放入湯鍋加一些月桂葉、百里香、韮蔥、黑胡椒碎，大火煮滾後轉小火熬煮二小時後即成蔬菜高湯。
2. 沙朗牛排撒黑胡椒碎及海鹽醃五分鐘，煎鍋放茶籽油開大火，熱鍋後放入牛排煎一分鐘後轉中火續煎一分鐘翻面，復開大火煎一分鐘轉中火續煎一分鐘，總共煎四分鐘即出鍋裝盤。
3. 原煎鍋放紅蔥頭碎及蘑菇薄片炒香後加一些黑胡椒碎、海鹽、麵粉、蔬菜高湯，煮滾收汁時即成醬汁。
4. 另一煎鍋放油把蘆筍和切兩半的紅蔥頭煎熟加鹽調味，出鍋後裝盤放在牛排旁邊。
5. 把醬汁淋在牛排上並撒一些新鮮荷蘭芹碎。

食材

- 莎朗薄片牛排
- 紅蔥頭
- 洋蔥
- 蘆筍
- 荷蘭芹
- 蘑菇
- 胡蘿蔔
- 西芹

調料

- 黑胡椒碎
- 海鹽
- 麵粉

1

2

3

19

牛肉絲沙拉

做法

1. 滷牛肉做法：牛腱子肉放入陶鍋中加足夠的水，把滷牛肉配料全部加入，開大火接近煮滾時把浮沫撈除，煮滾後轉小火繼續滷二小時後關火靜置半小時，然後撈出牛肉放在砧板靜置十分鐘，把牛肉切片再切成絲後放入大沙拉碗裡備用。
2. 蔬菜全部洗淨，紫洋蔥、黃燈籠椒、大蔥、青蒜全部切細絲，香菜切段，大蒜瓣切薄片。
3. 小煎鍋放兩大匙油開中小火爆香大蒜片後關火，趁油還在滾時迅速放入烤過的乾辣椒和花椒，然後整鍋油料澆在切好的牛肉絲上面，淋一些芝麻油和烏醋並撒一些岩鹽，稍微攪拌後加入紫洋蔥絲、黃燈籠椒絲、大蔥絲、青蒜絲，然後把全部食材拌勻後裝盤。
4. 裝盤後撒上香菜段做裝飾。

食材

- 牛腱子肉
- 紫洋蔥
- 黃燈籠椒
- 大蔥
- 青蒜
- 大蒜瓣
- 烤過的乾辣椒
- 花椒

調料（滷牛肉配料）

- 薑片
- 大蔥
- 花椒
- 迷迭香
- 月桂葉
- 大蒜瓣
- 冰糖
- 海鹽
- 高粱酒
- 醬油
- 八角

20

依比利亞火腿冷盤

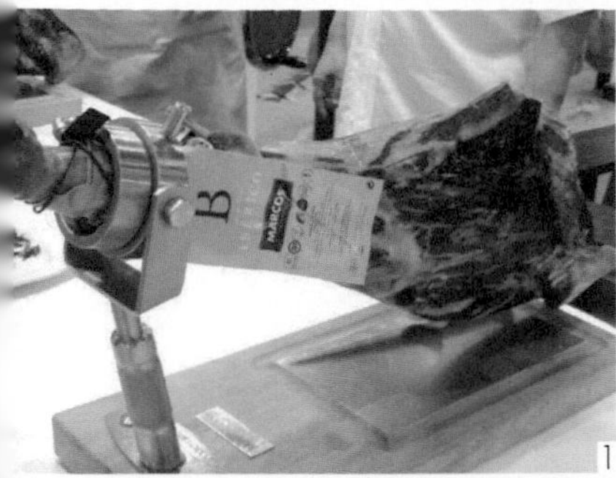

1

2

3

做法

1. 說實在的此道冷盤應是懶人美食家的最愛，因為火腿切片以後就已大功告成，根本不需多餘的配料和烹調，這裡只撒了一些比較不搶味的乾燥香料荷蘭芹，方便增添一點顏色罷了；另外也可以淋少許義大利巴沙米可醋平衡一下油膩感。
2. 聞名世界的西班牙依比利亞火腿，採用的是吃橡樹果實增肥的依比利亞黑毛豬，此種火腿用粗鹽醃製經自然風乾至少兩年熟成。
3. 火腿吃法因人而異，義大利火腿有人喜歡配哈密瓜或無花果，其實陳年的依比利亞火腿帶有豐腴的油脂和榛果的香味，直接切片食用便已足夠，若想平衡一下油膩與鹹香味道，搭配一些西班牙不甜雪莉酒或Rioja紅酒，甚至濃郁型白酒都能平衡口感和增加風味。
4. 做為前菜冷盤依比利亞火腿絕對是老饕一流的選擇。

食材

・西班牙依比利亞火腿切片

調料

・乾燥荷蘭芹碎
・義大利巴沙米可醋

21

百里香煎豬排

做法

1. 莎朗豬排兩面撒上鹽、黑胡椒碎、百里香葉，淋一點點茶籽油，輕輕按壓後醃製十五分鐘。
2. 用平底鍋大火油煎豬排，兩分鐘後改用中火續煎兩分鐘。
3. 翻面改用大火煎兩分鐘後續用中火煎兩分鐘。
4. 起鍋後讓豬排靜置十分鐘然後切片。
5. 紫洋蔥切細絲後平鋪盤底。
6. 豬排片斜放洋蔥絲上。
7. 以百里香裝飾盤面。
8. 食用時豬排配著洋蔥吃。

食材

- 莎朗豬排
- 紫洋蔥
- 百里香

調料

- 天然海鹽
- 黑胡椒碎
- 茶籽油

1

2

3

4

5

22

煎煮豬肉香腸

做法

1. 豬腿肉撒岩鹽、黑胡椒碎，淋一些茶籽油，醃十分鐘。
2. 紅蔥頭去皮後剝掉最外一層切絲，其餘保留整顆，大蒜去皮切掉蒂頭保留整瓣，胡蘿蔔切小條，荷蘭芹切碎。
3. 半深鍋放油用小火把紅蔥頭絲、紅蔥頭、大蒜瓣、胡蘿蔔條炒香，加一些岩鹽調味後盛出當成炒料備用。
4. 原鍋轉大火放入醃好的豬腿肉及辣味香腸，約二分鐘出油後轉中火續煎三分鐘，直到煎成金黃後翻面重複煎肉步驟，加櫻桃白蘭地嗆鍋，然後把之前的炒料放回鍋內並加水蓋過豬肉，煮滾後整個肉鍋放入用二百三十度已預烤十五分鐘的烤箱續烤四十分鐘後取出。
5. 高麗菜切絲和豌豆一起用滾水加鹽燙熟分裝備用。
6. 裝盤時把高麗菜放在盤底，肉鍋所有材料散放其上，鋪上豌豆後再撒荷蘭芹碎，食用時以刀叉分食。

食材

- 帶皮豬腿肉
- 義式辣味香腸或西班牙辣味香腸
- 紅蔥頭
- 大蒜瓣
- 胡蘿蔔
- 豌豆
- 荷蘭芹
- 高麗菜（圓白菜）

調料

- 黑胡椒碎
- 岩鹽
- 櫻桃白蘭地
- 茶籽油

23

鼠尾草香煎黑豬前肩肉

做法

1. 蔬菜和香草全部洗淨甩乾殘水，櫻桃蘿蔔和小黃瓜切薄片，大蒜瓣去皮切薄片，紫洋蔥去皮切絲，新鮮鼠尾草和小茴香籽部分切碎。
2. 黑豬前肩肉兩面撒上黑胡椒碎、鼠尾草碎、小茴香碎和岩鹽，靜置醃十五分鐘，小黃瓜和櫻桃蘿蔔薄片加鹽、糖、白醋也醃十五分鐘，然後擠掉多餘的醃汁。
3. 煎鍋放油開小火先入鼠尾草和小茴香炒一下，香氣出來後取出丟棄然後轉開大火，放入豬肩肉煎一分鐘後轉開中火續煎三分鐘，翻面重複以上部驟，總共煎八分鐘後淋果渣白蘭地嗆鍋再取出靜置十分鐘後切片。
4. 豬肉切片裝盤然後擺上洋蔥絲、大蒜片、醃好的小黃瓜片和櫻桃蘿蔔切片、新鮮小茴香花蕊，最後淋少許檸檬橄欖油在豬肉片上。

食材

- 黑豬前肩肉
- 鼠尾草
- 櫻桃蘿蔔
- 小黃瓜
- 紫洋蔥
- 大蒜瓣
- 小茴香

調料

- 黑胡椒碎
- 岩鹽
- 果渣白蘭地
- 茶籽油

24

橙汁烤豬肋排

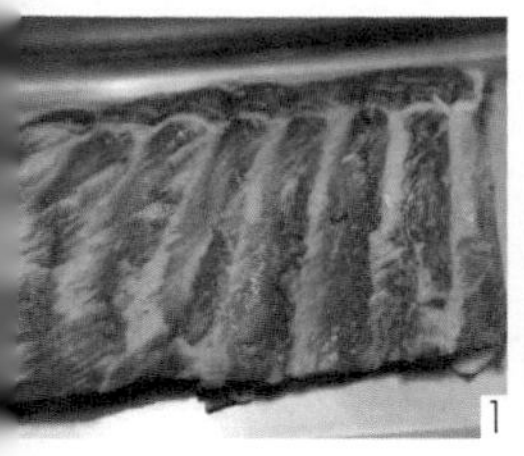

1

2

3

4

5

6

7

做法

1. 豬肋排雙面抹鹽並撒上黑胡椒碎及黑胡椒粒。
2. 橙子刮皮絲後搾汁倒入烤盤，橙皮絲留一些備用，其餘倒入烤盤，加一些百里香，淋一些花生油和白葡萄酒進去攪拌橙汁，把上述豬肋排兩面醃浸共二小時。
3. 從烤盤取出豬肋排，煎鍋放油用大火把豬肋排兩面各煎三分鐘成金黃色並淋白葡萄酒嗆鍋後，又放回原烤盤。
4. 把豬肋排烤盤放入用兩百度已預熱二十分鐘的烤箱中續烤四十分鐘，直至盤底收汁時取出。
5. 豬肋排裝盤，淋上烤盤底收集的醬汁，鋪上事先切好的橙子果肉，新鮮百里香及橙皮絲裝飾。
6. 食用時沿著豬肋排縱向切開，配一杯勃根地紅酒應是不錯的選擇。

食材

- 豬肋排
- 橙子
- 百里香

調料

- 黑胡椒
- 岩鹽
- 白葡萄酒
- 花生油

25

煎綜合香腸配薄酒萊新酒

做法

1. 馬鈴薯削皮預計用水煮十二分鐘，胡蘿蔔去皮切厚片，在最後倒數四分鐘時放入鍋內和馬鈴薯同煮，最後一起撈出瀝乾，馬鈴薯用刀切成塊狀，紅蔥頭去皮縱向切兩半，洋蔥去皮切片，大蒜瓣去皮，大蔥切絲。
2. 煎鍋放油開中火，放入幾株鼠尾草，等鼠尾草香氣出來後把它撥到煎鍋邊沿，放入牛肉腸和豬肉腸煎至兩面金黃後出鍋，稍微放涼後一半香腸斜切成厚片一半保留整根，把所有香腸直接裝盤。
3. 原煎鍋放入洋蔥切片，大蒜瓣、紅蔥頭、胡蘿蔔片、馬鈴薯塊，把所有食材拌炒一下，然後不時把食材翻面，當馬鈴薯煎至金黃時加黑胡椒碎、海鹽和荷蘭芹碎調味，然後取出和香腸一起裝盤並撒上大蔥絲和鼠尾草。
4. 入冬剛好趕上薄酒萊新酒上市，自然不能錯過一杯。

食材

- 原味豬肉腸
- 原味牛肉腸
- 馬鈴薯
- 胡蘿蔔
- 紅蔥頭
- 大蒜瓣
- 鼠尾草
- 大蔥
- 乾燥荷蘭芹碎

調料

- 海鹽
- 黑胡椒碎

26

番薯烤排骨

1
2

3

做法

1. 湯鍋放水開大火煮滾後加入薑片、小蔥段、排骨，等再度水滾後撈出排骨備用。
2. 蔬菜全部洗淨，番薯去皮切塊，紅黃二色燈籠椒去蒂去籽後切塊，紫洋蔥去皮切瓣，茭白去莢後切塊，番茄切塊，大蒜瓣不去皮，蘑菇去根部後保持整顆。
3. 以上食材除茭白和番茄外全部散置於烤盤，撒一些黑胡椒碎、岩鹽、乾燥荷蘭芹碎，淋上橄欖油後用大湯匙拌勻，然後放入用二百三十度已預烤十五分鐘的烤箱續烤三十五分鐘，把烤盤拿出來放入茭白和番茄混合，放入烤箱續烤十五分鐘後出爐。
4. 先把烤好的大蒜瓣去皮，然後所有食材混合裝盤，撒上黑胡椒碎、辣椒碎、新鮮羅勒嫩葉，淋一點初榨橄欖油上桌。

食材

- 番薯
- 排骨
- 紅燈籠椒
- 黃燈籠椒
- 蘑菇
- 茭白
- 紫洋蔥
- 番茄
- 大蒜瓣
- 羅勒

調料

- 黑胡椒碎
- 辣椒碎
- 岩鹽
- 橄欖油
- 乾燥荷蘭芹碎

27

烤啤酒風味蹄膀配白腰豆

做法

1. 蹄膀在豬皮上用利刀劃幾刀，塗抹海鹽後，加入檸檬皮絲、黑胡椒粒、花椒粒，放入大缽醃十分鐘，接著放入新鮮薄荷碎，倒入足夠的啤酒用保鮮膜封好後靜置冰箱冷藏一夜，取出後塗抹蜂蜜和法式芥末醬混合的醬汁，把胡羅蔔丁、洋蔥瓣、蹄膀，依序放入烤盤，加入三分之一的醃汁蓋上烤盤紙和錫箔紙，放入已用二百度預熱十五分鐘的烤箱續烤四小時，期間每隔一小時翻面並淋一些烤汁，出爐後把蹄膀、胡蘿蔔、洋蔥直接裝盤。
2. 白腰豆加水、迷迭香、切開小番茄、去皮大蒜瓣，煮到鬆軟後瀝乾水份加海鹽，檸檬汁，拌勻後也裝盤。
3. 蘆筍用油煎熟後加一些海鹽、黑胡椒碎，取出一併裝盤。
4. 撒上檸檬皮絲並放新鮮百里香當裝飾。
5. 食用時蹄膀和白腰豆一起吃，配啤酒或紅酒就更完美。

食材

- 豬蹄膀
- 白腰豆
- 蘆筍
- 胡蘿蔔
- 洋蔥
- 薄荷
- 檸檬
- 啤酒
- 迷迭香
- 百里香

調料

- 胡椒粒
- 花椒粒
- 海鹽

28

南美風味豬肉燉黑豆

做法

1. 黑豆洗淨後泡水至少一小時後撈出瀝乾，胡蘿蔔削皮後切中塊。
2. 豬五花肉帶皮切塊，炒鍋放油開中火先炒香豬肉塊，加入大茴香、月桂葉、肉荳蔻、丁香炒到豬肉微黃，加少許黑胡椒碎和海鹽調味後放入燉鍋。
3. 燉鍋內加入黑豆和胡蘿蔔，加水後蓋鍋開大火煮滾，撈出表面浮沫後轉開小火續燉一個半小時，關火後續燜十分鐘後取出挑掉香料後裝盤。
4. 蘿蔔苗加橄欖油、海鹽和雪莉醋拌勻後取出放在燉豬肉旁。
5. 高筋麵粉加水、酵母和海鹽揉成麵團後靜置發酵四十五分鐘，分成數塊後擀成面皮再發酵十五分鐘，放入小煎鍋開小火加蓋烤成麵餅，配著燉豬肉一起食用。

食材

- 豬五花肉
- 黑豆
- 胡蘿蔔
- 蘿蔔苗
- 高筋麵粉

調料

- 大茴香（八角）
- 月桂葉
- 肉荳蔻
- 丁香
- 海鹽
- 黑胡椒碎
- 橄欖油
- 雪莉醋

1

2

3

29

南瓜燜豬肉

1 2 3 4 5 6

做法

1. 南瓜洗淨削皮後去籽切大塊，四季豆洗淨後切兩段用滾水加鹽汆燙四分鐘後撈出備用。
2. 豬五花肉切大塊放入加少許油的炒鍋中開大火煎至出油時加入生薑片、大蒜瓣、紅蔥頭、八角茴香，利用煎出的豬油把以上放入的香料炒香，加一些海鹽，待豬肉呈現漂亮的焦黃色後，淋一些米酒嗆鍋，把鍋中的食材全部倒入另一炖鍋中。
3. 加少許黑胡椒碎和足夠的熱開水，等煮滾後轉小火蓋鍋燜四十五分鐘，後加入切好的南瓜丁，再蓋鍋燜煮十五分鐘。
4. 丟入預先燙好的四季豆再蓋鍋燜煮三分鐘，加一些海鹽做最後調味後出鍋裝盤。
5. 撒一些切碎的香菜並淋兩滴芝麻香油上桌。

食材

- 南瓜
- 四季豆
- 大蒜瓣
- 紅蔥頭
- 八角茴香
- 薑
- 香菜

調料

- 米酒
- 海鹽
- 黑胡椒碎

30

烤番薯豬肉腸 

做法

1. 蔬菜全部洗淨，番薯和馬鈴薯削皮後切塊，洋蔥去皮後切瓣，番茄切瓣，大蒜瓣不去皮，醃漬去籽橄欖橫向切片。
2. 把香腸、番薯、馬鈴薯、洋蔥、大蒜瓣、新鮮羅勒散置於烤盤，淋一些橄欖油，蔬菜部分撒一些海鹽和黑胡椒碎，稍微拌勻，放入用二百度已預熱十五分鐘的烤箱烤三十分鐘。
3. 取出烤盤加入番茄和黑橄欖，再放入烤箱續烤十分鐘後出爐，把烤焦的羅勒檢出丟棄，大蒜瓣去皮，豬肉腸斜切數小段。
4. 把以上所有食材裝盤，撒上新鮮羅勒葉，淋少許巴沙米可醋，食用時來一杯義大利奇揚地葡萄酒就更好了。

食材

- 義式原味豬肉腸
- 番薯
- 馬鈴薯
- 洋蔥
- 番茄
- 大蒜瓣
- 醃漬去籽黑橄欖
- 羅勒

調料

- 海鹽
- 初榨橄欖油
- 黑胡椒碎
- 巴沙米可醋

31

雪莉酒燜豬肩肉

做法

1. 豬肩肉切大塊，紅蔥頭切八瓣，大蒜瓣去皮保留整瓣，櫻桃蘿蔔切薄片。
2. 煎鍋放茶籽油開中火，把豬肩肉的肥肉剔除切碎入鍋小炒，待出油時放入豬肩肉煎至兩面上色。
3. 放入紅蔥頭和大蒜瓣同炒，加入海鹽和四色胡椒碎調味，再加入鼠尾草翻炒一下，等豬肉呈現漂亮的金黃色時，開大火淋一些雪莉酒嗆鍋，並刮一下鍋底精華。
4. 加少許開水轉小火燜煮二十分鐘，收汁後取出豬肉和大蒜瓣裝盤，撒少許四色胡椒碎和檸檬橄欖油。
5. 以新鮮鼠尾草和櫻桃蘿蔔切片裝飾盤面。
6. 此菜味道屬於中性口味配白酒或紅酒皆可。

食材

- 豬肩肉
- 鼠尾草
- 紅蔥頭
- 大蒜瓣
- 櫻桃蘿蔔

調料

- 海鹽
- 四色胡椒碎
- 雪莉酒
- 茶籽油
- 檸檬橄欖油

1

2

3

32

經典香草豬排

1

2

3

4

5

6

7

做法

1. 莎朗豬排兩面撒黑胡椒碎，岩鹽和鼠尾草碎，淋上亞麻仁籽油，用手稍加按壓後靜置醃製十分鐘。
2. 蔬菜和香草全部洗淨瀝乾殘水，大蒜瓣去皮後和櫻桃蘿蔔、小黃瓜皆切薄片，紫洋蔥切絲。
3. 煎鍋放油開小火放入整株鼠尾草過油後把鼠尾草撿出丟棄，轉開大火並放入豬排煎二分鐘後轉開中火續煎三分鐘，翻面重複以上步驟，轉開大火並淋一些威士忌嗆鍋後關火，把豬排留在煎鍋靜置十分鐘後取出切薄片並立刻放入大盤中間，撒少許黑胡椒碎上去。
4. 把所有香草、櫻桃蘿蔔切片、小黃瓜切片、大蒜片、紫洋蔥絲沿著大盤擺一圈。
5. 食用時選擇自己喜歡的配菜一起食用並且來一杯黑皮諾葡萄酒，人生一樂也。

食材

- 厚切莎朗豬排
- 鼠尾草
- 羅勒
- 香菜
- 小茴香
- 芡歐鼠尾草
- 櫻桃蘿蔔
- 小黃瓜
- 大蒜瓣
- 紫洋蔥

調料

- 亞麻仁籽油
- 黑胡椒碎
- 岩鹽
- 威士忌烈酒

33

白蘭地栗子雞排 

做法

1. 雞全腿去骨，腿肉攤開撒岩鹽、黑胡椒碎、新鮮百里香葉、茶籽油，簡單按壓醃十分鐘，雞腿骨留著備用。
2. 大蒜瓣去皮切片，大蔥切薄片，薑切薄片，以上食材連同雞腿骨放入煎煮鍋中用茶籽油炒香，加一點岩鹽和黑胡椒碎，接著加入事先去皮的栗子，待栗子稍微焦黃加白蘭地嗆鍋，然後加一些水蓋鍋燜煮三十分鐘。
3. 小煎鍋放油用大火煎醃好的雞肉，兩分鐘後轉中小火一分鐘，翻面轉大火續煎兩分鐘後關火靜置一分鐘後取出裝盤。
4. 原小煎鍋又開大火，倒入果渣白蘭地嗆鍋把鍋底的湯汁精華刮出後，倒入燜栗子的鍋中，不蓋鍋接著放入豌豆仁拌炒，兩分鐘後豌豆熟了醬汁也收好了。
5. 取出栗子和豌豆鋪於雞排上，淋上鍋底的醬汁並放新鮮百里香當裝飾。

食材

- 雞全腿
- 栗子
- 豌豆
- 百里香
- 薑
- 大蒜瓣
- 大蔥

調料

- 岩鹽
- 黑胡椒碎
- 義大利果渣白蘭地（GRAPPA）

34

咖喱雞配白米飯

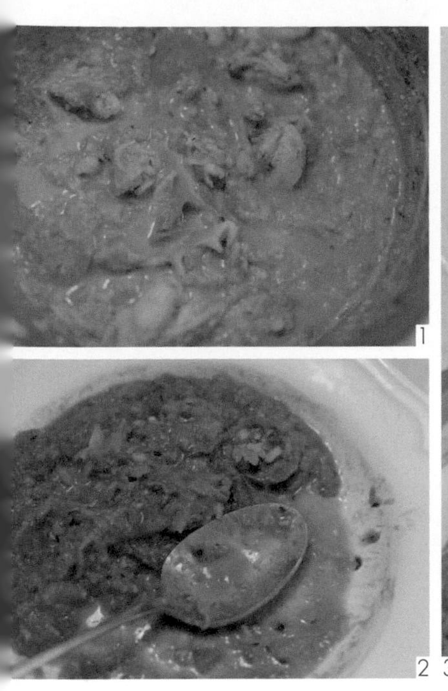

做法

1. 洋蔥去皮切絲，胡蘿蔔去皮切薄片，大蔥切薄片，芹菜去葉只用梗切小珠，薑切細絲，番茄切小丁。
2. 雞腿肉去骨切大塊，撒黑胡椒碎、海鹽，淋一些茶籽油用手稍微拿捏一下。
3. 煎鍋開大火放入雞腿肉塊，煎二分鐘後翻面續煎一分鐘後加高粱酒嗆鍋，關火靜置。
4. 另一深鍋放油開小火加熱後放入孜然籽、小肉豆蔻籽炒香後放入洋蔥絲、薑絲、大蔥薄片，炒大約十五分鐘直至洋蔥熟軟，放入番茄丁轉開大火，炒至番茄熟軟變成番茄泥，加開水、薑黃粉、咖喱粉，等煮滾後轉小火續燜煮二十分鐘，加入煎好的雞腿肉續煮十分鐘，出鍋前加入芹菜珠、海鹽稍加攪拌，靜置五分鐘然後裝盤撒些剩下的芹菜珠，食用時配米飯或烤餅皆宜。

食材

- 雞腿
- 番茄
- 胡蘿蔔
- 芹菜
- 洋蔥
- 大蔥
- 薑

調料

- 孜然
- 小肉豆蔻
- 姜黃粉
- 印度咖喱粉
- 海鹽
- 黑胡椒碎
- 高粱酒

35

迷迭香栗子雞排

做法

1. 雞全腿去骨，雞骨留著備用，腿肉攤平兩面撒岩鹽、黑胡椒碎、切碎的新鮮迷迭香，淋一些茶籽油醃十分鐘。
2. 大蒜瓣去皮切片，薑切片，大蔥切薄片，洋蔥切絲，以上食材連同雞腿骨在深鍋中放油炒香後放入事先剝好皮的栗子，待栗子微焦黃，加蘋果白蘭地嗆鍋，然後加水蓋過栗子，煮滾後蓋鍋續燜煮三十分鐘。
3. 煎鍋開大火不放油，雞皮面朝下入煎鍋，煎兩分鐘後轉開中火續煎一分半鐘，翻面重複煎肉步驟，關火後靜置三十秒取出裝盤。
4. 把煎鍋裡多餘的雞油倒入煮栗子的深鍋，放入豌豆仁加一點水，兩分鐘後收汁把雞腿骨及薑片取出丟掉。
5. 把栗子、豌豆連同深鍋裡的醬汁散撒於雞排盤上，以新鮮迷迭香裝飾。

食材

- 雞全腿
- 栗子
- 豌豆
- 迷迭香
- 大蒜瓣
- 薑
- 大蔥
- 洋蔥

調料

- 岩鹽
- 黑胡椒碎
- 蘋果白蘭地

1

2

3

36

板栗燒雞腿肉

做法

1. 雞腿去骨切成肉塊，撒黑胡椒碎、岩鹽、迷迭香碎，並淋少許橄欖油醃製十分鐘。
2. 板栗去殼用煮鍋煮至八分熟後撈出備用。
3. 煎鍋放少許油用大火煎雞肉四分鐘後翻面續煎一分鐘。
4. 放入板栗翻炒後待板栗全熟淋白蘭姆酒熗鍋。
5. 把雞肉及板栗裝盤，再倒一些蘭姆酒把煎鍋鍋底萃取做成醬汁淋於雞肉上。
6. 餐盤放迷迭香及紫洋蔥絲裝飾。

食材

- 雞腿肉
- 板栗
- 迷迭香
- 紫洋蔥

調料

- 黑胡椒碎
- 岩鹽
- 白蘭姆酒

1

2

3

4

5

CHAPTER 3

蔬菜和蛋類

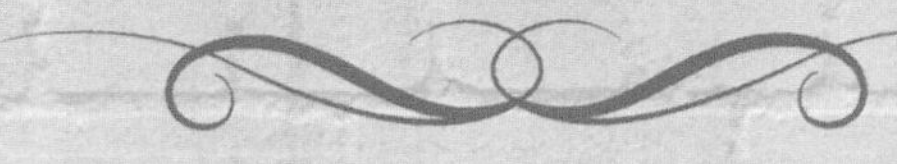

01

烤番茄大蒜和馬鈴薯

1

2

3

4

做法

1. 番茄洗淨橫向切對半，整粒大蒜連皮橫向切對半，馬鈴薯削皮後橫向切厚片。
2. 取一烤盤底部塗一層油，在將要放馬鈴薯的位置撒一些新鮮迷迭香嫩葉，把番茄和大蒜瓣斷面朝上鋪於烤盤，馬鈴薯則鋪於烤盤預留位置，最後放迷迭香和百里香進去。
3. 馬鈴薯上撒迷迭香嫩葉和黑胡椒碎，番茄上撒上百里香嫩葉和黑胡椒碎，接著全部食材撒上岩鹽和初榨橄欖油。
4. 放入用二百三十度預熱十五分鐘的烤箱續烤三十五分鐘，出爐後丟棄迷迭香其餘全部裝盤，裝盤後撒一些新鮮的百里香和羅勒花朵，再各擺一兩枝迷迭香和百里香當裝飾。

註：此道菜非常適合當牛排的配菜

食材

- 大番茄
- 整粒大蒜
- 馬鈴薯（土豆）
- 迷迭香
- 百里香
- 羅勒

調料

- 黑胡椒碎
- 岩鹽
- 初榨橄欖油

02

辣味義式番茄紅醬

1

2

3

4

做法

1. 紅醬製作時一般以新鮮番茄為主再添加市售的罐頭番茄泥讓味道更加濃郁，但如此也讓醬料顏色稍嫌暗淡，這邊介紹的紅醬主要以味道新鮮和顏色鮮豔為重點並帶點微辣口味，這樣的紅醬更適合沙拉或烤海鮮搭配用的醬料。
2. 番茄底部用刀劃十字放入滾水中煮十五秒，撈出去皮後切小丁，大紅椒用鐵叉或肉串叉從蒂處叉好直接用燃氣爐開大火燒烤，烤到大紅椒外皮的那層臘完全燒焦，稍涼後把燒焦的皮臘去除，接著切開去籽切成小塊，大蒜瓣、洋蔥、西芹全切碎末。
3. 炒鍋放油開小火炒香大蒜末、洋蔥末、西芹末、月桂葉後撒一些黑胡椒碎，轉開大火加入番茄丁和大紅椒塊，炒到番茄變泥後加水煮開，放一束百里香轉小火續熬煮四十分鐘並加海鹽調味即成辣味義式番茄紅醬。

註：不喜歡吃辣的就不用加大紅椒，也就成了一般的義式番茄紅醬。

食材

- 番茄
- 大紅椒
- 洋蔥
- 西芹
- 大蒜
- 月桂葉
- 百里香

調料

- 黑胡椒碎
- 海鹽
- 橄欖油

03

迷迭香牛肉紅醬馬鈴薯

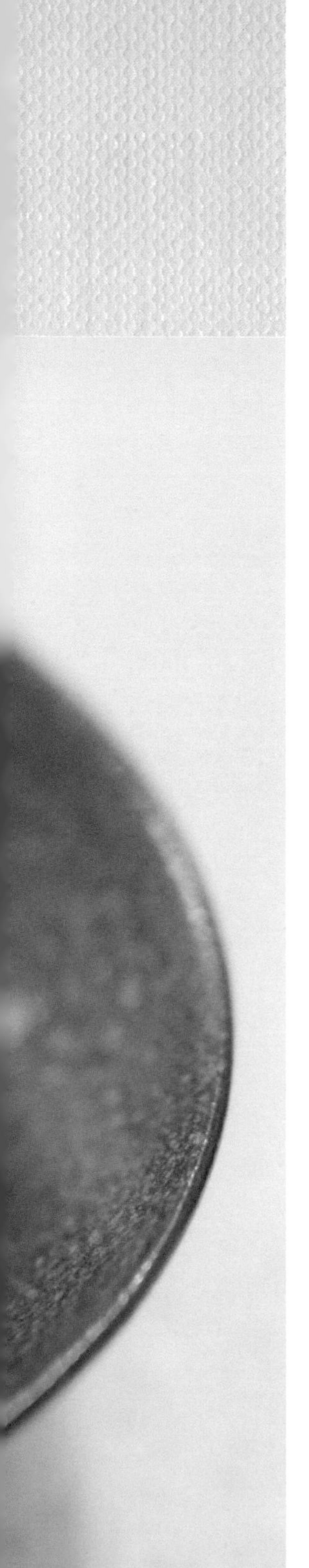

1

2

3

4

做法

1. 紅蔥頭和大蒜瓣去皮切碎。
2. 馬鈴薯洗淨削皮加水煮十二分鐘，大約半熟後撈出切大塊備用。
3. 煎鍋放油開中火，放入煮得半熟的馬鈴薯，不時用小鍋鏟翻面直到每面煎至金黃，再加少許油，放入紅蔥頭碎和大蒜碎同炒，香氣出來後放入乾燥迷迭香葉、新鮮迷迭香葉和小茴香籽同炒，接著放入三大匙義式番茄牛肉紅醬同炒，加入海鹽和黑胡椒碎調味，最後加入少許義大利苦艾酒拌勻，一旦醬汁變得濃稠便出鍋裝盤。
4. 裝盤後撒上新鮮迷迭香當裝飾。

註：義式番茄牛肉紅醬之製作請參考P279番茄牛肉醬義大麵中做法。

食材

- 義式番茄牛肉紅醬
- 馬鈴薯
- 迷迭香
- 紅蔥頭
- 大蒜瓣
- 小茴香籽
- 乾燥迷迭香葉

調料

- 黑胡椒碎
- 海鹽
- 義大利苦艾酒
- 初榨橄欖油

04

烤綜合蔬菜

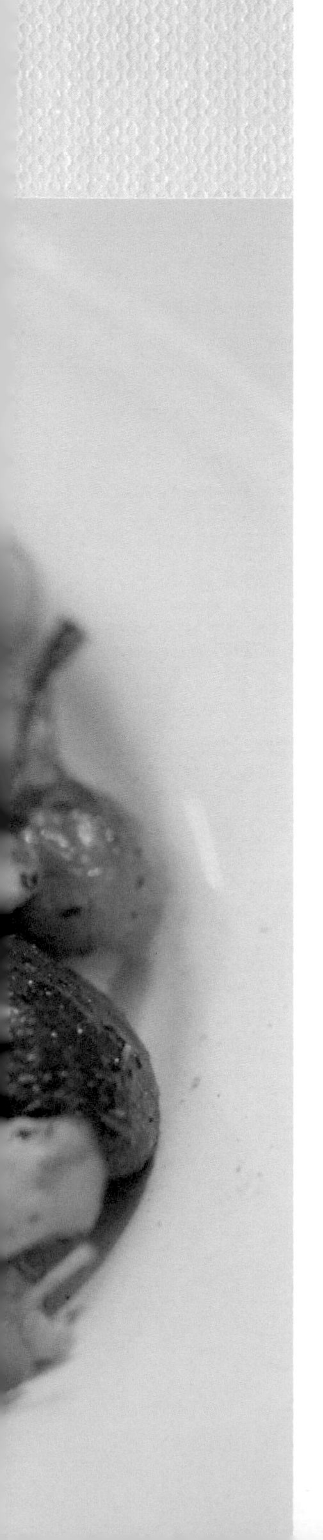

1

2

3

4

做法

1. 紅黃椒去籽切條，杏鮑姑切片，香菇、單瓣紅蔥頭及小番茄整顆使用。
2. 以上食材分散置於烤盤，撒上岩鹽、黑胡椒碎、乾燥義大利綜合香草碎，淋上橄欖油後攪拌均勻。
3. 放入用二百三十度已預熱十五分鐘的烤箱續烤二十分鐘。
4. 全部烤好的食材裝盤後撒一些新鮮羅勒及黑胡椒碎並淋一點檸檬橄欖油。
5. 來一杯義大利灰皮諾白酒配烤蔬菜就更好了。

食材

- 紅椒
- 黃椒
- 小番茄
- 新鮮香菇
- 杏鮑姑
- 單瓣紅蔥頭
- 新鮮羅勒

調料

- 乾燥意大利綜合香草碎
- 黑胡椒碎
- 岩鹽
- 橄欖油
- 檸檬橄欖油

05

羅勒蔬菜煎蛋

做法

1. 洋蔥去皮切碎，青椒和蘑菇切片，小番茄縱向切對半，雞蛋打散加少許海鹽。
2. 小煎鍋放初榨橄欖油開中火炒香洋蔥碎，放入青椒和蘑菇同炒，最後入小番茄和豌豆同炒，大約炒三分鐘後加黑胡椒碎和海鹽調味。
3. 原鍋澆入打散的雞蛋液，晃動煎鍋讓雞蛋液攤平，轉小火並蓋鍋，一旦蛋液開始凝固即可關火掀蓋，讓煎鍋的餘溫蒸出多餘的水氣，雞蛋完全凝固後撒上少許黑胡椒碎和滿滿的檸檬羅勒花朵，最後淋少許檸檬橄欖油上桌。

食材

- 雞蛋
- 小番茄
- 洋蔥
- 蘑菇
- 青椒
- 豌豆
- 羅勒

調料

- 初榨橄欖油
- 黑胡椒碎
- 海鹽
- 檸檬橄欖油

1

2

3

06

大蒜烤三蔬

1

2

3

4

5

做法

1. 黃櫛瓜、胖茄子、大番茄，以上食材全部切片，大蒜整個不剝皮橫切成兩半。
2. 烤盤底抹一層橄欖油，以上食材散置於烤盤，表面再淋一些油，撒一些岩鹽、黑胡椒碎以及乾燥義大利綜合香草碎。
3. 烤箱用二百三十度預熱十五分鐘，把烤盤食材放入烤三十五分鐘後取出，稍微放涼後，大蒜去皮其餘食材裝盤，把剝好的大蒜鋪在上層。
4. 撒一些新鮮的荷蘭芹碎，撒一點黑胡椒碎，淋一些初榨橄欖油及巴莎米可醋。

食材

- 黃櫛瓜
- 胖茄子
- 大番茄
- 大蒜
- 荷蘭芹

調料

- 岩鹽
- 黑胡椒碎
- 乾燥義大利綜合香草碎
- 橄欖油
- 巴莎米可醋

07

松茸乳酪烤南瓜

1

2

3

4

5

做法

1. 小型南瓜縱向切對半，烤盤抹油後南瓜斷面朝下，放入已預熱二百度的烤箱續烤四十分鐘後出爐，用大湯匙把南瓜籽刮出丟棄，南瓜肉則刮出後放入大碗備用。
2. 綠櫛瓜縱向切對半後再橫向切成半月型薄片，荷蘭芹切碎，乾燥松茸片泡開後切小片，義式風乾火腿片切小片，大蒜瓣和紫洋蔥去皮後切碎，莫扎瑞拉乳酪切小丁。
3. 煎鍋放油開小火，炒香大蒜碎和紫洋蔥碎後轉開中火，加入松茸片和火腿片同炒，等松茸和火腿香氣出來加入黑胡椒碎和海鹽調味後取出。
4. 把綠櫛瓜片、松茸火腿炒料、莫扎瑞拉乳酪丁放入大碗和南瓜肉混合，然後裝填回南瓜皮囊中，放入原烤箱續烤三十分鐘後出爐裝盤。
5. 裝盤後撒一些荷蘭芹碎並淋少許初榨橄欖油。

食材

- 小型南瓜
- 乾燥松茸片
- 綠櫛瓜（西葫蘆）
- 大蒜瓣
- 紫洋蔥
- 義式風乾火腿片
- 莫扎瑞拉乳酪

調料

- 初榨橄欖油
- 海鹽
- 黑胡椒碎

08

秋末時蔬組合

1

2

3

4

做法

1. 栗子去皮，蘑菇擦去泥土，以上放入烤盤，撒一些黑胡椒碎，乾燥荷蘭芹碎、岩鹽，淋一些茶籽油，把食材全部拌勻。
2. 放入用兩百三十度已預烤十五分鐘的烤箱續烤三十分鐘後，出爐備用。
3. 大蒜瓣去皮切片在煎鍋用小火煎成金黃色後盛出備用。
4. 原煎鍋放入已剝好的新鮮豌豆，小炒一下後放入之前烤好的栗子及蘑菇，轉大火加一些開水蓋鍋燜燒三分鐘，待收汁時加一點岩鹽調味後起鍋。
5. 裝盤後撒一些新鮮荷蘭芹葉、新鮮檸檬皮絲、新鮮橙皮絲、黑胡椒碎以及之前煎好的大蒜片。

食材

- 栗子
- 蘑菇
- 豌豆
- 大蒜瓣
- 新鮮荷蘭芹

調料

- 黑胡椒碎
- 乾燥荷蘭芹碎
- 岩鹽
- 新鮮檸檬皮絲及橙皮絲

09

番茄紅醬火腿白芸豆

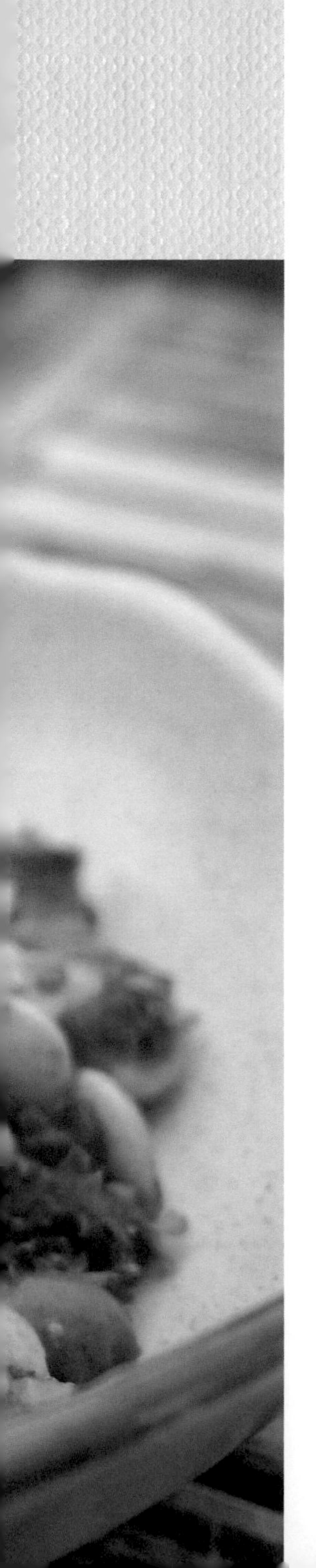

1

2

3

4

做法

1. 乾燥白芸豆洗淨後泡水放冰箱冷藏過一夜，撈出後放湯鍋加水、迷迭香和切開的小番茄，開大火煮滾後轉開小火燜煮二小時，取出瀝乾並撿出小番茄和迷迭香。
2. 自製番茄紅醬請參考P251番茄紅醬製作方法。
3. 大蒜瓣和洋蔥去皮切碎，火腿切片後切小塊。
4. 炒鍋放油開小火，放入大蒜碎和洋蔥碎炒香後，放入火腿片同炒，接著放入煮好的白芸豆拌炒，再取幾大勺自製番茄紅醬拌炒，煮滾開始收汁時加少許黑胡椒碎和海鹽調味，加入切碎的荷蘭芹拌勻後出鍋裝盤。
5. 裝盤後撒些荷蘭芹碎和新鮮百里香當裝飾。

食材

- 自製番茄紅醬
- 風乾火腿
- 小番茄
- 迷迭香
- 百里香
- 荷蘭芹
- 大蒜瓣
- 洋蔥
- 芸豆（大白豆）

調料

- 海鹽
- 黑胡椒碎
- 橄欖油

10

櫻桃蘿蔔小番茄沙拉

做法

1. 蔬菜全部洗淨後瀝乾，櫻桃蘿蔔和黃色小番茄切薄片後散置於沙拉碗底，撒一把香菜苗在中央。
2. 撒上岩鹽、黑胡椒碎、香菜籽碎，並淋上蘋果醋和初榨橄欖油。
3. 食用時拌勻即可，可做為油膩菜餚的開胃沙拉或配菜。

食材

- 櫻桃蘿蔔
- 黃色小番茄
- 香菜苗

調料

- 蘋果醋
- 岩鹽
- 黑胡椒碎
- 香菜籽碎
- 初榨橄欖油

1

2

3

4

11

素烤彩椒

1 2 3

做法

1. 蔬菜全部洗淨，紅椒和黃椒去蒂去籽切長條，茄子切長條，紫洋蔥去皮切瓣，大蒜瓣不去皮。
2. 以上食材放入烤盤中，撒上黑胡椒碎、橄欖油、海鹽拌勻，放入用二百三十度已預烤十五分鐘的烤箱續烤三十分鐘後出爐。
3. 出爐後茄子和大蒜瓣去皮，把全部食材混合裝盤，撒上新鮮羅勒嫩葉和黑胡椒碎，最後淋上香草醋和初榨橄欖油。
4. 此道當成前菜食用或當肉類及海鮮料理的配菜皆宜。

食材

- 紅色燈籠椒
- 黃色燈籠椒
- 紫洋蔥
- 茄子
- 大蒜瓣
- 羅勒

調料

- 黑胡椒碎
- 海鹽
- 初榨橄欖油
- 香草醋

12

奶油火腿青豆

做法

1. 紅蔥頭去皮切掉根鬚部，蘑菇切掉根鬚部，豌豆去莢撥取青豆仁，意式風乾火腿片切小塊
2. 蘑菇放入煮開的滾水加一撮鹽煮四分鐘後撈出備用。
3. 炒鍋中放油以中小火炒紅蔥頭約四分鐘後放入意式風乾火腿片及青豆仁，轉中大火續炒兩分鐘，然後放入煮好的蘑菇稍微炒一下，加入一塊無鹽奶油，待奶油融化迅速拌炒加一些岩鹽及黑胡椒碎調味即可出鍋裝盤，盤面撒少許荷蘭芹當裝飾。

食材

- 豌豆
- 單瓣紅蔥頭
- 蘑菇
- 意式風乾火腿片
- 荷蘭芹

調料

- 黑胡椒碎
- 岩鹽
- 無鹽奶油

13

涼拌蘆筍

做法

1. 蘆筍洗淨，皮較粗的根莖下半部削皮，並從削皮分界處一切為兩段。
2. 湯鍋加水大火煮開後加一些海鹽，放入蘆筍汆燙約一分半鐘後撈出，放入冰水中冰鎮十分鐘後撈出備用。
3. 檸檬刷洗乾淨用刨絲刀刨取檸檬皮絲，果肉切開用榨汁棒搾取檸檬汁，大蒜瓣去皮用壓榨器壓成蒜泥。
4. 取一長型盤放入甩乾殘水的蘆筍，加入蒜泥、檸檬汁、大部分檸檬皮絲、海鹽、初榨橄欖油，拌勻後裝盤。
5. 裝盤後撒上新鮮荷蘭芹碎、薄荷、剩下的檸檬皮絲、黑胡椒碎。
6. 這是炎熱夏日一道清爽的開胃涼菜。

食材

- 綠蘆筍
- 檸檬
- 大蒜瓣
- 荷蘭芹
- 薄荷

調料

- 黑胡椒碎
- 海鹽
- 初榨橄欖油

1

2

3

14

烤秋季雜蔬

1

2

3

做法

1. 蔬菜全部洗淨後，南瓜削皮後切長條，紅甜椒去蒂去籽後切長條，紫洋蔥去皮後切大塊，長條形茄子橫向斜切厚片，四季豆去蒂頭，大蒜瓣不去皮，新鮮百里香採用整枝。
2. 把以上食材散置烤盤撒海鹽和黑胡椒碎並淋初榨橄欖油，稍微拌勻後放入用二百三十度已預熱十五分鐘的烤箱續烤三十分鐘。
3. 把百里香和大蒜瓣撿出其餘混合裝盤，大蒜瓣去皮後散置盤面，淋少許巴沙米可醋並撒上檸檬羅勒的嫩葉和花朵。

食材

- 南瓜
- 紅甜椒
- 紫洋蔥
- 茄子

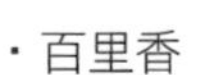

- 百里香
- 檸檬羅勒
- 大蒜瓣

調料

- 海鹽
- 初榨橄欖油
- 黑胡椒碎
- 巴沙米可醋

15

煎黃櫛瓜

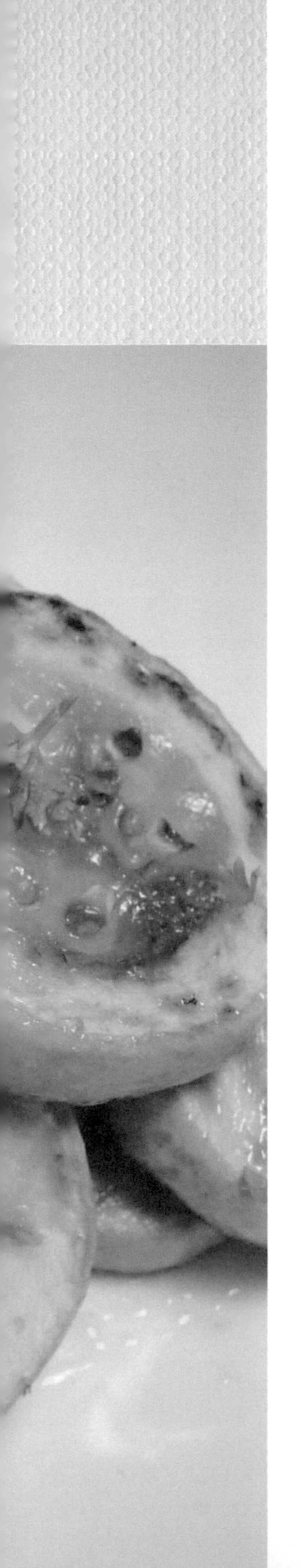

1

2

3

4

做法

1. 黃櫛瓜洗淨後橫向切圓片。
2. 煎鍋放橄欖油開中小火，熱鍋後把黃櫛瓜片平鋪鍋底，把一面煎至焦黃後翻面撒一些海鹽，另一面也煎至焦黃後翻面，撒一些海鹽後出鍋裝盤。
3. 裝盤後撒一些新鮮荷蘭芹碎。

註：這是一道清爽小菜，也可以當成海鮮或肉類主菜的配菜。

食材

- 黃櫛瓜
- 荷蘭芹

調料

- 初榨橄欖油
- 海鹽

16

香煎馬鈴薯

做法

1. 小型馬鈴薯洗淨後不去皮，直接放入湯鍋加水煮二十分鐘約七分熟後撈出備用。
2. 煎鍋放油開中火，放入乾燥迷迭香和馬鈴薯，稍微拌炒一下用鍋鏟把馬鈴薯稍為壓扁，待兩面煎成焦黃色後撒一些白胡椒粉和岩鹽調味，出鍋前撒入小蔥末拌一下即取出裝盤。
3. 裝盤後再撒剩下的小蔥末、鼠尾草花朵，並以新鮮迷迭香裝飾盤面。

食材

- 小型馬鈴薯
- 小蔥
- 鼠尾草花朵
- 乾燥迷迭香
- 新鮮迷迭香

調料

- 岩鹽
- 白胡椒粉
- 橄欖油

17

蒜香蝦皮蘆筍

1

2

3

做法

1. 蘆筍洗淨後根莖下半部如果皮較粗則削皮，依煎鍋大小把蘆筍切成兩段，儘量保持尾部的長度，大蒜去皮切薄片。
2. 煎鍋放油先爆香大蒜片後放入蝦皮快速炒香然後一起取出備用。
3. 原煎鍋再加少許油開大火放入蘆筍迅速前後滾動煎鍋讓所有蘆筍沾油，轉小火輪流翻面共煎四分鐘後加海鹽及黑胡椒碎調味，確認蘆筍斷生甜味出來即刻出鍋裝盤。
4. 裝盤後把已炒好的大蒜片和蝦皮鋪在蘆筍上面。

食材

- 蘆筍
- 大蒜瓣
- 蝦皮

調料

- 海鹽
- 黑胡椒碎
- 橄欖油

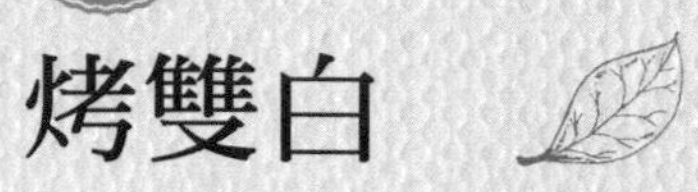

18

烤雙白

做法

1. 蔬菜全部洗淨瀝乾，白蘑菇去根頭，茭白去莢切塊，紫洋蔥去皮切大瓣，大蒜瓣不去皮。
2. 以上蔬菜全部散置於烤盤，撒上乾燥義大利綜合香草碎、黑胡椒碎、海鹽，並淋一些橄欖油後用湯匙把全部食材拌勻。
3. 放入用二百三十度已預烤十五分鐘的烤箱烤三十分鐘，出爐後將大蒜瓣去皮，然後把全部食材裝盤。
4. 裝盤後撒上辣椒碎及一些新鮮的甜羅勒嫩葉。

食材

- 茭白
- 白蘑菇
- 大蒜瓣
- 紫洋蔥
- 甜羅勒

調料

- 乾燥義大利綜合香草碎
- 黑胡椒碎
- 辣椒碎
- 海鹽
- 橄欖油

1

2

3

19

烤南瓜和四季豆

做法

1. 南瓜削皮後切長條，四季豆去蒂頭，大蒜瓣不去皮。
2. 把南瓜、四季豆、大蒜瓣和新鮮百里香散置於烤盤，撒上海鹽和黑胡椒碎並淋初榨橄欖油。
3. 把整盤食材放入用二百度已預熱十五分鐘的烤箱續烤三十分鐘，出爐後撿出南瓜和四季豆裝盤，大蒜瓣去皮後散置於盤面，最後淋少許小茴香醋並撒上茨歐鼠尾草花朵當裝飾。

食材

- 南瓜
- 四季豆
- 大蒜瓣
- 百里香
- 茨歐鼠尾草花朵

調料

- 海鹽
- 初榨橄欖油
- 黑胡椒碎
- 小茴香醋

20

迷迭香煮白芸豆

做法

1. 乾燥白芸豆用冷水浸泡至少八小時。
2. 大蒜瓣去皮，小番茄縱向切對半，荷蘭芹切碎。
3. 湯鍋加水放入泡好的白芸豆、新鮮迷迭香、大蒜瓣、小番茄，開大火煮滾後撈除浮沫，轉小火繼續煮一個半小時。
4. 把迷迭香撈出丟棄，瀝掉大部分湯汁只保留少許湯汁，把所有材料裝入大沙拉碗裡，加海鹽、黑胡椒碎、茴香醋、初榨橄欖油、荷蘭芹碎。
5. 拌勻後裝盤即可食用，夏季炎熱天氣可以放冰箱冷藏一小時後當冷盤食用。

食材

・乾燥白芸豆
・迷迭香
・小番茄
・大蒜瓣
・荷蘭芹

調料

・黑胡椒碎
・海鹽
・茴香醋
・初榨橄欖油

21

烤番薯綜合蔬菜

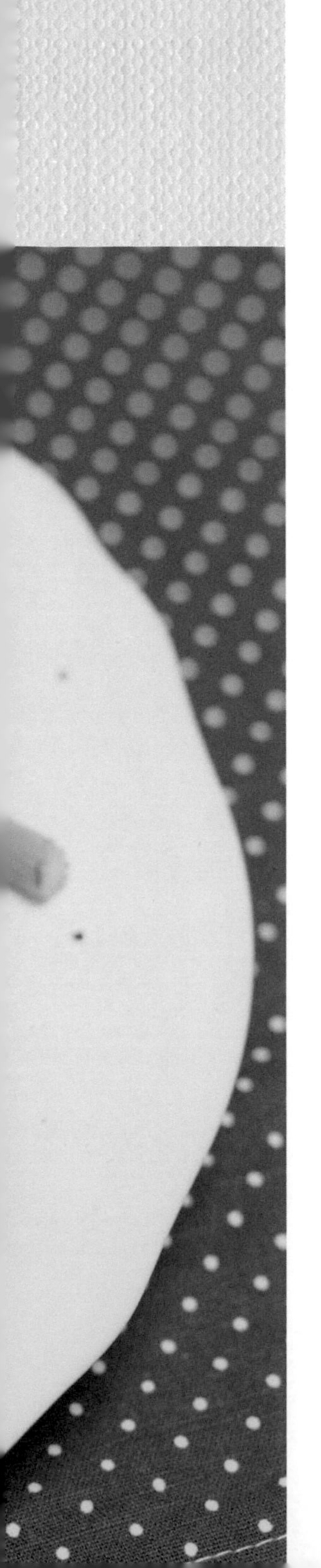

做法

1. 蔬菜全部洗淨瀝乾，番薯削皮切塊，蘆筍根莖粗皮下半部削皮後切長段，紅黃二色燈籠椒去蒂去籽後切長條，紫洋蔥去皮切瓣，小番茄縱向切對半，去根部的蘑菇保持整顆，大蒜瓣不去皮。
2. 以上食材全部散置於烤盤，撒上海鹽、乾燥百里香碎、黑胡椒碎，淋一些橄欖油後用大湯匙把食材拌勻，放入用二百三十度已預烤十五分鐘的烤箱續烤三十五分鐘後出爐。
3. 先把大蒜瓣撿出去皮，把全部食材混合裝盤，撒上辣椒碎及黑胡椒碎，並以新鮮甜羅勒嫩葉裝飾盤面。
4. 因番薯可以飽腹，此道亦可做為素食主菜。

食材

・番薯
・蘑菇
・蘆筍
・小番茄
・紅燈籠椒
・黃燈籠椒
・紫洋蔥
・大蒜瓣
・甜羅勒

調料

・黑胡椒碎
・海鹽
・乾燥百里香碎
・辣椒碎
・初榨橄欖油

22

檸檬羅勒炒三蔬

1

2

3

4

5

做法

1. 新鮮栗子去殼，新鮮豌豆去莢，蘑菇拭去泥土。
2. 蘑菇及沒去皮的大蒜瓣放在烤盤中，撒一些岩鹽、黑胡椒碎及乾燥荷蘭芹碎，淋一些茶籽油後把食材拌勻，然後放入用兩百三十度已預烤二十分鐘的烤箱續烤三十分鐘，然後取出備用。
3. 栗子在煎鍋中開大火油煎一分鐘後加水蓋鍋，轉中火續燜煮二十五分鐘直至熟軟收汁時取出備用。
4. 另起一煎鍋加油以大火爆炒豌豆仁一分鐘後加少許水，然後放入之前已加工過的蘑菇及栗子，轉中火續炒二分鐘後，放入檸檬羅勒花蕾迅速拌炒後加岩鹽及黑胡椒碎調味，然後起鍋裝盤。
5. 裝盤時順便把之前烤好的大蒜瓣去皮一併裝上，最後撒一些剩下的檸檬羅勒花蕾裝飾。

食材

- 栗子
- 蘑菇
- 豌豆
- 大蒜瓣
- 檸檬羅勒（荊芥）

調料

- 岩鹽
- 黑胡椒碎
- 乾燥荷蘭芹碎
- 茶籽油

23

烤雙椒

做法

1.紅椒、黃椒去籽後切條狀。
2.紫洋蔥切成十瓣。
3.蒜瓣洗淨甩乾水不去皮。
4.以上全部食材散置於烤盤內。
5.撒上乾燥綜合香草碎、黑胡椒碎、岩鹽、橄欖油。
6.置於用兩百三十度已預熱十五分鐘的烤箱內續烤三十分鐘。
7.取出後蒜瓣剝皮。
8.把全部食材裝盤淋一些巴沙米可醋並撒上甜羅勒葉。

食材

- 紅椒
- 黃椒
- 紫洋蔥
- 大蒜瓣
- 甜羅勒

調料

- 乾燥義大利綜合香草碎
- 黑胡椒碎
- 岩鹽
- 巴沙米可醋
- 橄欖油

24

大紅辣椒鑲松茸餡

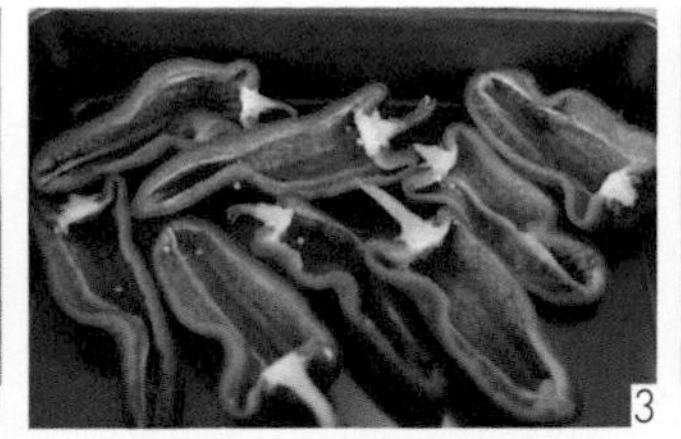

做法

1. 乾燥松茸切片稍微用水沖洗洗掉灰塵，然後加少許冷水浸泡十五分鐘，等松茸完全漲開切成碎末備用。
2. 蔬菜全部洗淨，洋蔥和大蒜瓣去皮切碎末，核桃雜糧麵包和莫扎瑞拉乳酪切小丁，荷蘭芹切碎末。
3. 煎鍋放橄欖油開小火放入大蒜碎末及洋蔥碎末，炒到香氣出來時加入松茸碎末，等松茸香氣出來時加入麵包小丁、黑胡椒碎、岩鹽，稍微拌炒即成餡料。
4. 大紅辣椒縱向切對半，把中間的囊和籽挖掉，然後填入之前炒好的餡料，在餡料上鋪滿莫扎瑞拉乳酪小丁及荷蘭芹碎，然後把鋪好餡料的大紅辣椒放入盤底塗油的烤盤擺好。
5. 放入用一百八十度已預烤十五分鐘的烤箱續烤四十五分鐘然後出爐裝盤，裝盤後撒一些新鮮的荷蘭芹碎並擺一束蔬菜苗當配菜。

食材

- 大紅辣椒
- 乾燥松茸切片
- 洋蔥
- 大蒜瓣
- 蔬菜苗
- 荷蘭芹
- 莫扎瑞拉乳酪
- 核桃雜糧麵包

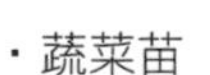

調料

- 黑胡椒碎
- 岩鹽
- 橄欖油

25

迷迭香火辣馬鈴薯

1

2

3

4

做法

1. 馬鈴薯洗淨後削皮，用中火煮十二分鐘大約半熟後撈出瀝乾，待稍涼後切大塊備用。
2. 煎鍋放油開中火，放入馬鈴薯塊不時翻面，煎約七分鐘放入大蒜碎、迷迭香葉、小茴香籽和少許黑胡椒碎稍微拌炒一分鐘。
3. 加入三大匙辣味番茄紅醬拌炒，等開始收汁時加入匈牙利紅椒粉和海鹽，一旦醬汁變得濃稠即可出鍋裝盤。
4. 裝盤後擺上新鮮迷迭香當裝飾。

註

1. 自製辣味義式番茄紅醬之製作請參考P170辣味義式番茄紅醬作法。
2. 匈牙利紅椒粉不辣且帶有甜味。
3. 此道是參考傑米奧利佛的食譜而做。

食材

- 馬鈴薯
- 大蒜瓣
- 迷迭香
- 小茴香籽
- 自製辣味義式番茄紅醬

調料

- 黑胡椒碎
- 匈牙利紅椒粉
- 海鹽
- 初榨橄欖油

26

香草烤番茄

做法

1. 小番茄洗淨後縱向切對半，新鮮迷迭香和百里香切碎，大蒜瓣去皮切碎。
2. 小番茄切面朝上放入烤盤，撒上迷迭香碎、百里香碎、黑胡椒碎、岩鹽，淋上初榨橄欖油，最後撒上大蒜碎，放入烤箱不用預熱直接設定溫度一百度烤二小時，出爐後拌勻裝盤，擺上新鮮百里香裝飾盤面。

註：烤番茄比新鮮番茄在酸度和甜度上更濃縮，香草烤番茄烤好後可日後分批拌炒各類蔬菜，如四季豆、蘆筍、茄子等。

食材

- 小番茄
- 迷迭香
- 百里香
- 大蒜瓣

調料

- 黑胡椒碎
- 岩鹽
- 初榨橄欖油

27

黃櫛瓜蘆筍烤蔬菜

1

2

3

做法

1. 蔬菜全部洗淨瀝乾，黃櫛瓜切薄片，蘆筍切段，小番茄縱向切對半，洋蔥切瓣，蘑菇保持整顆，大蒜瓣不去皮，以上蔬菜散置於烤盤，撒一些黑胡椒碎、乾燥荷蘭芹碎、海鹽，淋一些初榨橄欖油，用大湯匙攪拌均勻，放入用二百三十度已預熱十五分鐘的烤箱續烤三十分鐘。
2. 出爐後大蒜瓣去皮，然後把所有蔬菜混合裝盤，淋一些巴沙米可醋，擺上新鮮荷蘭芹嫩葉。
3 .此道菜可以當前菜也可以當肉類料理主菜的配菜。

食材

- 黃櫛瓜
- 蘆筍
- 蘑菇
- 小番茄
- 洋蔥
- 大蒜瓣
- 荷蘭芹

調料

- 海鹽
- 黑胡椒碎
- 乾燥荷蘭芹碎
- 初榨橄欖油

28

鼠尾草烙餅配烤大紅辣椒

做法

1. 蔬菜全部洗淨後，大蒜瓣去皮切末，鼠尾草切碎，香菜切末。
2. 大紅辣椒用烤肉串串好，直接放在爐火上開大火烤到外面那層皮臘燒焦，離火放涼後把焦黑的皮臘去乾淨，再去蒂去籽後切成長條狀備用。
3. 大紅辣椒條放碗裡加海鹽、黑胡椒碎、紅葡萄酒醋、初榨橄欖油、大蒜末拌勻後裝盤，裝盤後撒一些香菜末。
4. 高筋麵粉加水、鹽、酵母、橄欖油揉成麵團靜置四十五分鐘，摻入鼠尾草碎後擀成麵皮靜置十五分鐘，放入小煎鍋開小火把兩面各烙兩分鐘，烙熟後取出用布蓋住保溫。
5. 鼠尾草烙餅和大紅辣椒涼菜配著吃。

食材

- 大紅辣椒
- 鼠尾草
- 大蒜瓣
- 香菜
- 高筋麵粉

調料

- 黑胡椒碎
- 海鹽
- 紅葡萄酒醋
- 初榨橄欖油
- 酵母

1

2

3

29

乳酪烤茄子

做法

1. 胖茄子洗淨後縱向切對半，斷面處撒一些黑胡椒碎及海鹽並淋一些橄欖油，烤盤抹一層橄欖油把茄子斷面貼著盤底，放入用一百八十度已預烤十五分鐘的烤箱續烤三十分鐘，不關火即出爐，待稍涼後把茄子肉挖出切小丁和茄子殼一起留著備用。
2. 乾燥松茸片泡水脹好後切小丁，大蒜瓣和紫洋蔥切碎末，核桃雜糧麵包和莫扎瑞拉乳酪也切小丁。
3. 煎鍋放油開小火炒香大蒜末和洋蔥末後加入松茸丁，等松茸香氣出來放入麵包丁，稍炒後把之前的茄子丁放入，並加一些黑胡椒碎和海鹽拌勻即成茄子餡料。
4. 把餡料填回挖空的茄子殼中，在餡料上鋪滿莫扎瑞拉乳酪小丁，擺回烤盤繼續烤十五分鐘後出爐裝盤。
5. 裝盤後撒上新鮮的荷蘭芹碎。

食材

- 胖茄子
- 乾燥松茸切片
- 紫洋蔥
- 大蒜瓣
- 核桃雜糧麵包
- 荷蘭芹
- 莫扎瑞拉乳酪

調料

- 黑胡椒碎
- 岩鹽
- 橄欖油

30

烤起司蔬菜

9

做法

1. 南瓜去皮切片，紅椒和黃椒去籽切塊，紫洋蔥一半切絲一半切末，大蒜瓣去皮切末，羅勒葉一部分切絲，大番茄切塊，小番茄切對半。
2. 起油鍋入大蒜末及洋蔥末炒香後放入羅勒葉絲，炒至洋蔥軟化後放入大小番茄，等番茄開始糊化時，加入罐頭番茄泥、鹽、黑胡椒碎、水，熬煮約二十分鐘，做成紅醬。
3. 南瓜片、紅黃椒塊、紫洋蔥絲放入玻璃烤盤，撒黑胡椒碎、鹽，淋橄欖油，用湯匙拌勻，在表層塗上熬好的紅醬，放入用二百三十度已預熱十五分鐘的烤箱內續烤三十分鐘，取出後在表層鋪一些莫扎瑞拉起司絲，馬上又入烤箱開上火續烤十分鐘。
4. 取出稍涼後撒上新鮮羅勒，直接以烤盤上桌，用大湯匙分食。

食材

- 紅椒
- 黃椒
- 南瓜
- 紫洋蔥
- 大番茄
- 小番茄
- 羅勒
- 大蒜
- 番茄泥罐頭

調料

- 橄欖油
- 岩鹽
- 黑胡椒碎

31

火腿牛肝菌乳酪烤南瓜

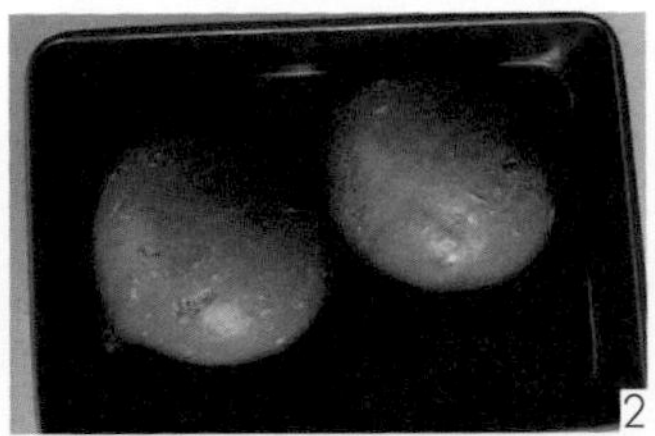

做法

1. 南瓜洗淨後縱向剖成兩半，去籽後剖面抹油並朝下放入烤盤，放入用二百度已預烤十五分鐘的烤香續烤二十五分鐘，出爐後稍微放涼用大湯匙把肉囊挖出備用，這個步驟注意讓南瓜皮保留還剩一公分的厚度。
2. 去皮的紅蔥頭和大蒜瓣切薄片，泡開的乾燥牛肝菌和風乾火腿片切小丁，荷蘭芹和番茄乾切碎。
3. 炒鍋放油開小火放入紅蔥頭和大蒜瓣，炒香後放入風乾火腿、番茄乾、牛肝菌，只要火腿一變色加入黑胡椒碎、海鹽、荷蘭芹碎，稍微拌炒後出鍋和南瓜肉囊混合並加入莫扎瑞拉乳酪絲拌成南瓜餡。
4. 把南瓜餡填回南瓜殼裡，放入剛剛未關火的烤箱續烤十五分鐘，出爐後再撒一些新鮮的荷蘭芹碎在南瓜上。
5. 喜歡的話搭配一杯玫瑰紅葡萄酒來食用。

食材

- 小型南瓜
- 義式風乾火腿切片
- 乾燥牛肝菌
- 烤乾的義式番茄乾
- 紅蔥頭
- 大蒜瓣
- 荷蘭芹
- 莫扎瑞拉乳酪絲

調料

- 黑胡椒碎
- 海鹽
- 初榨橄欖油

32

烤番茄拌炒四季豆

做法

1. 蔬菜洗淨，小番茄縱向切對半，大蒜瓣去皮切碎，新鮮迷迭香和百里香切碎，四季豆頭尾切掉後切成兩段。
2. 小番茄切面朝上放在烤盤，撒上迷迭香碎、百里香碎、黑胡椒碎、岩鹽，淋上橄欖油，最後撒上大蒜碎，放入烤箱不用預熱，直接設定溫度一百度，烤二小時後直接出爐放涼備用。
3. 湯鍋放水開大火煮滾時放入一撮鹽，放入四季豆預計煮三分鐘後撈出。
4. 炒鍋放油開小火放入大蒜碎炒香，轉開中大火並放入剛撈出的四季豆拌炒半分鐘，加入一些烤好的翻茄乾拌炒半分鐘，加一些岩鹽調味後出鍋裝盤。
5. 裝盤後擺上新鮮百里香當裝飾，搭配一杯玫瑰紅葡萄酒是不錯的選擇。

食材

- 小番茄
- 迷迭香
- 百里香
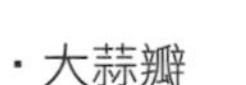
- 大蒜瓣
- 四季豆

調料

- 黑胡椒碎
- 初榨橄欖油
- 岩鹽

33

百里香烤四色蔬菜

做法

1. 蘑菇去根部。
2. 紫洋蔥、紅椒、黃椒切瓣。
3. 大蒜瓣皮保留。
4. 百里香去老莖。
5. 以上食材散置於烤盤。
6. 撒義大利綜合香料、黑胡椒碎、岩鹽，並淋上橄欖油把全部食材拌勻。
7. 用已經二百三十度預熱十五分鐘的烤箱續烤三十分鐘後取出。
8. 大蒜瓣去皮，把全部食材裝盤，撒一些胡椒碎、百里香葉，最後淋少許巴沙米可醋。

食材

- 蘑菇
- 紫洋蔥
- 紅椒
- 黃椒
- 百里香
- 蒜瓣

調料

- 黑胡椒碎
- 岩鹽
- 橄欖油
- 巴沙米可醋
- 乾燥綜合義大利香料

DE CECCO
pastaZARA

CHAPTER 4

麵食和飯類

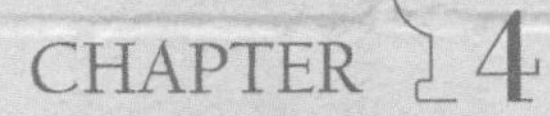

01

西班牙海鮮燉飯

做法

1. 白蝦去頭去殼去泥腸只保留尾殼一截，蝦頭洗淨後放入湯鍋加水、薑片、小蔥熬煮二十分鐘備用，貝類和魷魚洗淨，魷魚去內臟後切成圈狀，五花肉切長方形塊狀。
2. 大蒜瓣和洋蔥去皮切碎，紅燈籠椒去蒂去籽切碎，番茄用滾水燙十五秒去皮後切碎，硬米洗過後瀝乾備用。
3. 鑄鐵鍋放油開小火放入洋蔥碎和大蒜碎炒香，再放入五花肉、月桂葉、黑胡椒碎同炒，接著放入紅燈籠椒碎和番茄碎同炒，最後加硬米拌炒並放入蝦頭湯淹過所有食材表面，封蓋轉開大火煮滾，煮滾時加入白蝦、魷魚、赤嘴貝，撒一些不辣紅椒粉，再度封蓋煮滾，試一下味道決定是否加海鹽調味，直到貝殼打開且湯汁收乾才掀蓋離火，撒一些小蔥珠和黑胡椒碎後整鍋上桌。
4. 上桌後再從鑄鐵鍋取出分裝小盤食用。

食材

・硬米
・白蝦
・赤嘴貝
・魷魚
・五花肉
・洋蔥
・紅色燈籠椒
・番茄
・大蒜瓣
・薑
・小蔥

調料

・海鹽
・黑胡椒碎
・初榨橄欖油
・月桂葉
・紅椒粉

02

牛肝菌燉飯

做法

1. 洋蔥、胡蘿蔔和西芹三者皆切塊與香草束一起放入湯鍋，加水熬煮40分鐘即成蔬菜高湯。
2. 曬乾牛肝菌用水洗淨後以冷水浸泡十五分鐘，然後撈出切碎。
3. 大米洗淨撈出備用。
4. 大蒜瓣去皮切碎末，洋蔥去皮切碎末，西芹洗淨後切小丁。
5. 半深鍋開小火放橄欖油，先炒香大蒜末，接著放入洋蔥碎，待洋蔥炒軟轉中火放入牛肝菌碎及西芹小丁，撒一些黑胡椒碎同大米一起炒到食材香氣出來，淋一些苦艾酒嗆鍋並加海鹽調味，分三次加入蔬菜高湯總共煮30分鐘直到大米煮到熟軟，刨一些帕馬森乳酪進去並拌勻後裝盤。
6. 裝盤後撒上切碎的新鮮荷蘭芹碎並以鼠尾草花朵裝飾盤面。

註：香草束材料為蔥韮、月桂葉、荷蘭芹、百里香。

食材

- 曬乾牛肝菌
- 西芹
- 大蒜瓣
- 洋蔥
- 荷蘭芹
- 鼠尾草花朵
- 大米
- 蔥韮
- 月桂葉
- 百里香

調料

- 黑胡椒碎
- 帕馬森乳酪
- 義大利苦艾酒
- 海鹽

03

花蛤牛肝菌燉飯

做法

1. 乾燥牛肝菌先沖水去塵土，再用水泡軟後切碎，泡過的水去雜質後留著備用，大米洗淨瀝乾，洋蔥和大蒜瓣去皮切碎，綠櫛瓜切薄片。
2. 吐好沙的花蛤洗淨後放入湯鍋，加水、生薑片、小蔥、白葡萄酒，開大火煮滾看到花蛤打開立即離火，湯用濾網過濾後備用，肉從殼裡取出後備用。
3. 炒鍋放油開小火，放入大蒜碎和洋蔥碎炒到洋蔥變軟，加入黑胡椒碎和和綠櫛瓜片同炒，接著放入大米炒到香氣出來，加一些白葡萄酒嗆鍋，然後加入三分之一的花蛤湯，開大火封蓋待煮滾轉小火，十分鐘後掀蓋攪拌一下，如此再重複兩次把花蛤湯用完，最後一次攪拌時加入帕馬森乳酪，然後取出裝盤。
4. 裝盤後鋪上花蛤肉和檸檬羅勒並刨帕馬森乳酪上去。

食材

- 花蛤
- 乾燥牛肝菌
- 洋蔥
- 大蒜瓣
- 綠櫛瓜（西葫蘆）
- 檸檬羅勒
- 帕馬森乳酪
- 白葡萄酒
- 大米

調料

- 海鹽
- 黑胡椒碎
- 初榨橄欖油

1

2

04

番茄醬料豬肉燉飯

1

2

3

4

做法

1. 五花肉切塊加小茴香籽、荷蘭芹碎、紅椒粉、海鹽、初榨橄欖油，拌勻後醃製一小時。
2. 蘆筍切段放入煮滾的湯鍋煮一分鐘後撈出備用。
3. 番茄底部用刀劃十字，入滾水汆燙十五秒去皮後切碎，大蒜瓣和洋蔥去皮後切碎。
4. 鑄鐵鍋放油開小火炒香洋蔥碎、大蒜碎和月桂葉，放入醃好的豬肉塊加一些黑胡椒碎同炒，接著轉開中大火放入番茄碎炒軟，最後加入硬米拌炒並加水淹過米的表面，封蓋煮滾後轉小火燜煮，等收汁到一半時加入燙過的蘆筍並加海鹽調味，等煮到完全收汁時出鍋離火。
5. 放上羅勒裝飾後整個鑄鐵鍋上桌，再從鍋裡取出分裝到小盤食用。

食材

・五花肉
・蘆筍
・番茄
・洋蔥
・大蒜瓣
・月桂葉
・硬米

調料

・黑胡椒碎
・海鹽
・初榨橄欖油
・小茴香籽
・荷蘭芹碎
・紅椒粉

05

青醬蓮子義大利麵

1

2

3

4

做法

1. 新鮮蓮子去皮後縱向切對半把蓮芯拔除，大蒜瓣去皮後切碎末。
2. 湯鍋加水開大火煮滾後放入義大利麵和一撮海鹽，預計煮七分鐘後撈出。
3. 炒鍋中放油開小火爆香蒜末，轉中火放入切好的蓮子同炒，然後放入兩大勺青醬並加少許水，等水煮開後轉小火並把湯鍋中的義大利麵撈出放入，迅速攪拌均勻並加少許海鹽調味後盛出裝盤。
4. 裝盤後撒上事先烤好的松子並以新鮮的檸檬羅勒裝飾。

註：青醬之製作請參閱P255青醬做法。

食材

‧蓮子
‧松子
‧檸檬羅勒
‧青醬
‧大蒜瓣
‧義大利細扁麵

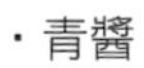

調料

‧橄欖油
‧海鹽

06

牛肉紅醬寬扁麵

做法

1. 蔬菜全部洗淨後，番茄底部用刀劃十字入滾水煮十五秒後去皮切小丁，洋蔥去皮切小丁，西芹切碎末，大蒜瓣去皮切薄片，荷蘭芹切碎留幾片嫩葉。
2. 牛肉紅醬製作：炒鍋中放油開小火爆香大蒜片後取出備用，放入洋蔥小丁、西芹碎末、牛絞肉、月桂葉同炒，加一些黑胡椒碎和岩鹽調味，待洋蔥炒軟時放入新鮮番茄丁轉開大火，等番茄丁出水成泥加入罐頭番茄泥並加水稍微攪拌，煮開後轉小火熬煮半小時，收汁後加入新鮮荷蘭芹碎拌勻即成牛肉紅醬。
3. 湯鍋加水煮滾後入義大利寬扁麵和一撮岩鹽，煮九分鐘後撈出放入牛肉紅醬炒鍋中開小火和醬汁拌勻一分鐘後盛出裝盤。
4. 裝盤後撒上煎好的大蒜片，預烤好的松子以及荷蘭芹。

食材

- 牛絞肉
- 番茄
- 罐裝番茄泥
- 洋蔥
- 西芹
- 大蒜瓣
- 荷蘭芹
- 月桂葉
- 松子
- 義大利寬扁麵

調料

- 黑胡椒碎
- 岩鹽
- 橄欖油

07

鮭魚豌豆彎管麵

做法

1. 豌豆莢剝取豆子，大蒜瓣去皮切片，大蔥切薄片取中間綠色嫩芯。
2. 鮭魚擦乾兩面撒海鹽、黑胡椒碎，淋一些茶籽油，醃十分鐘。
3. 深鍋加七分滿的水用大火煮開，丟一把鹽入鍋，義大利彎管麵入鍋不加蓋，倒數計時七分鐘。
4. 煎鍋放少許茶籽油，熱鍋後大火煎鮭魚排一分鐘後轉中小火兩分鐘，魚排翻面轉大火煎一分鐘，關火靜置十五秒後取出，稍微放涼後用手把魚肉掰成碎片。
5. 另一小淺鍋放茶籽油，煎香大蒜片後取出一半備用，入豌豆仁炒兩分鐘後放入煮熟的彎管麵及掰好的鮭魚碎片，加海鹽及黑胡椒碎調味，稍微拌炒後出鍋裝盤。
6. 裝盤後鋪上煎好的大蒜片，撒黑胡椒碎，淋初榨橄欖油。

註：
1. 彎管麵有粗細，本道菜是細彎管麵，若用粗彎管麵則加煮2分鐘。
2. 煮好的義大利麵必須馬上入鍋炒製，若要暫放則必須用冷水泡涼瀝乾備用。

食材

- 去皮新鮮鮭魚
- 豌豆
- 義大利彎管麵
- 大蔥

調料

- 黑胡椒碎
- 天然海鹽
- 茶籽油
- 初榨橄欖油

08

七彩義大利卷麵

1

2

3

4

5

做法

1. 紅醬製作：大蒜瓣去皮切末，洋蔥去皮切細丁，番茄用滾水燙十五秒後剝皮切丁，淺鍋中放橄欖油開小火炒香大蒜末後放入洋蔥細丁，續炒大約十五分鐘，洋蔥變軟後放入月桂葉稍微炒一下，轉大火放入番茄丁炒出水後，加入罐頭番茄泥、百里香，撒一些黑胡椒碎及鹽，加一些水，煮滾後轉小火蓋鍋悶煮半小時即成紅醬。
2. 另一深鍋注水七成滿，大火煮滾後放一撮鹽，放入七彩義大利卷麵，不蓋鍋煮七分鐘，然後撈出放進已熬好的紅醬淺鍋中拌炒一分鐘，出鍋前放入切碎的荷蘭芹並加鹽和黑胡椒碎做最後調味。
3. 裝盤後撒一些荷蘭芹碎及刨一些帕馬森乳酪裝飾。

註：七彩義大利卷麵由杜蘭小麥、胡蘿蔔、紅甜菜、菠菜、番茄、薑黃、墨魚汁加工製成。

食材

- 七彩義大利卷麵
- 番茄
- 洋蔥
- 大蒜
- 荷蘭芹
- 百里香
- 帕馬森乳酪
- 義式罐頭番茄泥

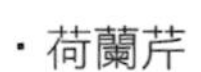

調料

- 鹽
- 黑胡椒碎
- 橄欖油
- 月桂葉

09

酪梨海蝦斜管麵

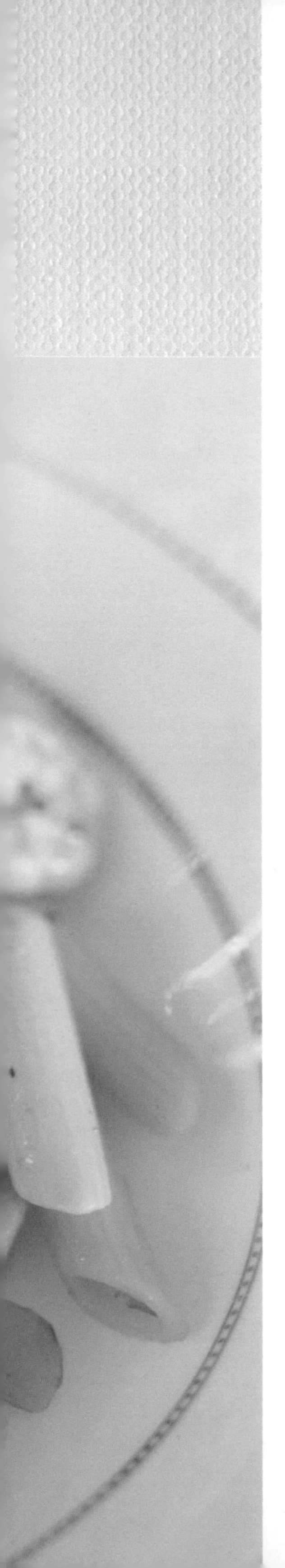

1

2

3

4

做法

1. 小海蝦去頭去殼去泥腸，保留最後一截尾殼，大蒜瓣去皮切薄片，荷蘭芹切末留幾朵嫩葉。
2. 酪梨切開去皮去子後切小塊，裝入一小碗加海鹽，新鮮檸檬汁用湯匙搗成酪梨醬。
3. 湯鍋加水七分滿開大火煮開，放入筆管麵和一撮海鹽倒數計時十分鐘後撈出。
4. 煎鍋放橄欖油開小火爆香大蒜片後取出備用，原煎鍋開中火放入小海蝦兩面煎熟，加一些海鹽和黑胡椒調味，起鍋前淋一些白葡萄酒嗆鍋。
5. 筆管麵到鐘後撈出裝盤，依序鋪上酪梨醬、小海蝦及大蒜片，淋一些初榨橄欖油，最後撒上荷蘭芹及黑胡椒碎。
6. 食用時拌勻配一杯清爽型白蘇維濃白酒。

食材

- 小型海蝦
- 酪梨
- 檸檬
- 意大利筆管麵
- 荷蘭芹
- 大蒜瓣

調料

- 黑胡椒碎
- 海鹽
- 白葡萄酒
- 初榨橄欖油

10

青醬魚排鳥巢寬麵

做法

1. 青醬作法：甜羅勒洗淨晾乾摘取葉子和大蒜瓣、松子、白胡椒粉、帕馬森乳酪、鹽、初榨橄欖油，用蔬果料理機打成泥即為青醬。
2. 無刺魚排切成三公分寬，兩面撒鹽、黑胡椒碎，抹少許橄欖油醃十分鐘。
3. 大蒜瓣切片用油鍋煎成金黃後盛出備用。
4. 原煎鍋大火煎魚排，魚皮面向下，一分鐘後轉中火續煎二分鐘後翻面，轉大火煎一分鐘後關火讓魚留在鍋底。
5. 煮鍋加七分滿水煮開後加一撮鹽巴，入義大利鳥巢寬面煮八分鐘，最後兩分鐘時放入豌豆，然後一起撈出用冷水泡涼瀝乾備用。
6. 炒鍋內放青醬加少許水煮滾後放入義大利麵及青豆拌炒一分鐘後取出盛盤，鋪上魚排、蒜片、甜羅勒葉。

食材

- 任何無刺魚排
- 義大利鳥巢寬麵
- 豌豆
- 甜羅勒
- 大蒜
- 松子

調料

- 黑胡椒碎
- 初榨橄欖油
- 白胡椒粉
- 帕馬森乳酪
- 海鹽

1

2

11

辣味蒜香義大利細麵

做法

1. 蔬菜洗淨，小辣椒去蒂切圈圈後去籽，大蒜瓣去皮切薄片，荷蘭芹切碎末。
2. 湯鍋加水開大火，水滾時加入義大利細麵和一撮鹽，預計煮三分半鐘後撈出。
3. 炒鍋放橄欖油開小火爆香大蒜片，等大蒜片成微黃色時放入小辣椒圈同炒，撒一些黑胡椒碎進去，接著放入剛撈出的義大利細麵同炒，等義大利麵帶出的湯汁收斂，加一些海鹽和荷蘭芹碎拌勻即可出鍋裝盤。

註：此道堪稱是義大利麵最基礎的版本了，不喜吃辣的則省略辣椒即可。

食材

- 義大利細麵
- 小辣椒
- 大蒜瓣
- 荷蘭芹
- 黑胡椒碎
- 初榨橄欖油

調料

- 海鹽

12

羅勒青豆海蝦義大利麵

1 2 3

4 5

做法

1. 檸檬洗淨後先用刨絲刀刨取檸檬皮，接著一半切成薄片一半榨取檸檬汁。
2. 湯鍋加水七分滿，開大火煮滾後放入一小撮海鹽，放入青豆燙三分半鐘後撈出備用，原湯鍋放入義大利麵，倒數記時預計七分鐘後撈出。
3. 斑節蝦挑出泥腸，另一湯鍋加水、薑片和檸檬片煮滾後加入少許海鹽，放入斑節蝦煮到變紅色並開始彎曲時撈出放涼，去頭和殼只留尾殼一截後備用。
4. 大碗裡放入二至三顆蛋黃加初榨橄欖油、檸檬汁、海鹽、黑胡椒碎、切碎的羅勒，打散醬汁後放入剛撈出的義大利麵、青豆和海蝦，快速拌勻後撒上羅勒嫩葉、檸檬皮和帕馬森乳酪絲。
5. 多人食用時分裝小盤即可。

食材

- 經典形義大利麵
- 羅勒
- 青豆（豌豆）
- 海蝦（斑節蝦）
- 蛋黃
- 檸檬
- 帕馬森乳酪
- 生薑片

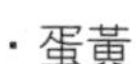

調料

- 黑胡椒碎
- 海鹽
- 初榨橄欖油

13

蝦仁豌豆貝殼麵

做法

1. 大蒜瓣去皮切片，豌豆去莢剝取青豆仁。
2. 小海蝦去殼後用刀劃背去泥腸，用黑胡椒碎、海鹽、橄欖油醃五分鐘。
3. 深鍋注水七分滿大火煮滾後丟進一撮海鹽，放入義大利貝殼麵，倒數計時七分鐘。
4. 另一淺鍋中用小火油煎大蒜片至兩面金黃時取出備用，原鍋轉大火放入醃好的小海蝦兩面各煎兩分鐘，加少許櫻桃白蘭地嗆鍋把鍋底的精華刮出，約一分鐘後加入豌豆仁再炒兩分鐘 此時剛好撈出深鍋中煮熟的貝殼麵放入淺鍋中同炒，並迅速加鹽、黑胡椒碎、荷蘭芹碎、新鮮淡奶油，簡單拌炒即起鍋。
5. 裝盤後鋪上之前煎好的大蒜片，淋一點初榨橄欖油，撒一些黑胡椒碎、荷蘭芹碎（或者小蔥末）裝飾。

食材

- 義大利貝殼麵
- 小海蝦
- 豌豆
- 荷蘭芹或小蔥
- 大蒜瓣

調料

- 黑胡椒碎
- 天然海鹽
- 櫻桃白蘭地
- 橄欖油

14

青醬花蛤斜管麵

1 2 3

做法

1. 湯鍋加水開大火煮滾，加入斜管麵和一撮海鹽，預計煮九分鐘後撈出。
2. 炒鍋放油開小火，先把大蒜辦切片煎至金黃後取出備用，接著轉開中火放入花蛤過油一下，然後放入兩大匙青醬和水稍微攪拌，等青醬煮滾花蛤打開迅速放入撈出的斜管麵拌炒，只要斜管麵均勻裹上青醬即可取出裝盤。
3. 裝盤後放上煎好的大蒜片並淋少許初榨橄欖油，最後以新鮮檸檬羅勒裝飾盤面。

註：青醬之製作請參照P255義大利青醬作法。

食材

- 義大利斜管麵
- 花蛤
- 檸檬羅勒
- 大蒜瓣

調料

- 海鹽
- 青醬
- 初榨橄欖油

15

臘腸蝴蝶麵

做法

1. 蔬菜全部洗淨，番茄放入滾水中燙十五秒，撈出去皮後切小丁，洋蔥和大蒜瓣去皮切末，荷蘭芹切碎。
2. 中式鹹臘腸放鍋裡加水煮滾十五分鐘，撈出放涼後切成小丁備用。
3. 湯鍋加水大火煮開後放入三色蝴蝶麵及一撮海鹽，預計煮九分鐘後撈出。
4. 炒鍋放茶籽油開小火爆香蒜末後放入洋蔥末和臘腸丁，當洋蔥炒軟後取出一半臘腸丁備用，接著轉大火放入番茄丁同炒，等番茄丁變泥加入兩大匙罐裝番茄泥和水煮開收汁後轉小火，放入撈出的蝴蝶麵拌炒一分鐘後，試味道再決定是否加鹽並取出裝盤。
5. 裝盤後撒上新鮮荷蘭芹及另一半預留好的臘腸丁。

食材

・中式鹹臘腸
・義大利三色蝴蝶麵
・番茄
・洋蔥
・大蒜瓣
・荷蘭芹
・罐裝義式番茄泥

調料

・海鹽
・茶籽油

1

2

3

16

鮭魚義大利麵兩吃

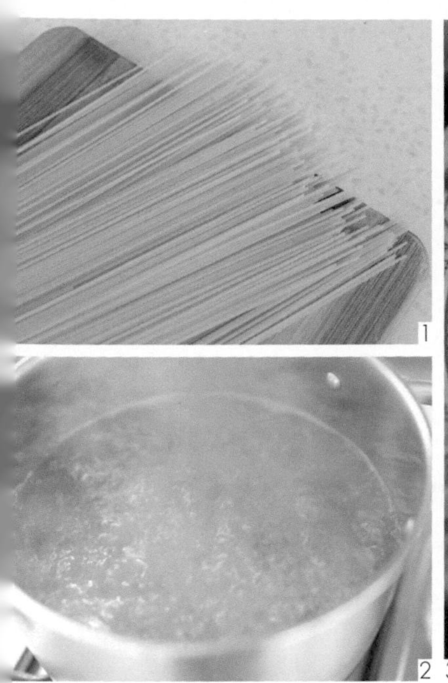

1

2 3

做法

1. 蔬菜洗淨，番茄底部用刀劃十字入滾水燙十五秒，取出後去皮切小丁，紫洋蔥去皮切小丁，荷蘭芹和酸豆切碎。
2. 去皮鮭魚排兩面撒黑胡椒碎和海鹽，煎鍋放油開大火熱鍋時把鮭魚放入煎一分鐘轉開中火續煎兩分鐘，翻面續煎一分鐘後取出，放涼後用手把魚肉掰成碎塊。
3. 湯鍋加水開大火，煮滾時放入義大利麵和一撮海鹽，預計煮七分鐘後撈出。
4. 炒鍋放油加入洋蔥丁炒軟後撒一些黑胡椒碎和酸豆碎，接著入番茄丁同炒，番茄稍軟放入撈出的義大利麵和鮭魚碎塊，稍微拌炒加鹽調味即可出鍋，裝盤後撒上帕馬森乳酪粉和荷蘭芹碎。
5. 另一鍋是洋蔥丁、番茄丁、豌豆、鮭魚塊同炒義大利麵，加鹽調味出鍋後裝盤，不撒帕馬森乳酪和荷蘭芹碎。

食材

- 去皮鮭魚排
- 紫洋蔥
- 番茄
- 豌豆
- 荷蘭芹
- 續隨子（酸豆）
- 經典型義大利麵

調料

- 黑胡椒碎
- 海鹽
- 初榨橄欖油
- 帕馬森乳酪粉

珍珠貝殼麵

1

2

3

做法

1. 蔬菜全部洗淨，橘色和紅色小番茄縱向切對半，黃色和青色燈籠椒去籽後切碎，洋蔥去皮切碎，大蒜瓣去皮切薄片，小蔥和荷蘭芹切末。
2. 湯鍋放水開大火水滾時加入一撮鹽，放入大貝殼麵先煮三分鐘，接著放入小貝殼麵預計煮七分鐘後一起撈出。
3. 炒鍋放油先爆香大蒜片和洋蔥碎，放入黃紅二色燈籠椒同炒，接著放入橘紅二色小番茄同炒，加一些海鹽和黑胡椒碎，等小番茄開始變軟放入豌豆，加一些熱開水後蓋鍋，五分鐘後小番茄徹底軟化出汁時加入剛撈出的大小貝殼麵，拌炒一分鐘開始收汁時撒一些小蔥末和荷蘭芹末，接著馬上出鍋裝盤。

註：因為材料搭配的設計，豌豆會自動跑入貝殼麵裡宛如貝殼含著珍珠。

食材

- 大貝殼麵和小貝殼麵
- 豌豆
- 橘色小番茄和紅色小番茄
- 洋蔥
- 黃燈籠椒
- 青燈籠椒
- 大蒜瓣
- 小蔥
- 荷蘭芹

調料

- 海鹽
- 初榨橄欖油
- 黑胡椒碎

18

超簡易紅醬義大利麵

1

2

3

4

做法

1. 紅醬製作：請參考P251自製義大利番茄紅醬作法。
2. 大蒜瓣去皮切薄片，洋蔥去皮切碎。
3. 湯鍋放水開大火水滾時放入一小撮鹽，放入義大利麵倒數記時預計七分鐘後撈出。
4. 炒鍋放油開小火放入大蒜片煎至微黃時放入洋蔥碎，炒至洋蔥變軟時加一些黑胡椒碎，放入剛撈出的義大利麵拌炒一下，加入兩大匙自製番茄紅醬和一把荷蘭芹碎，加少許煮麵的湯水繼續拌炒一分鐘，試一下味道，決定是否加鹽，待湯汁收汁即刻出鍋裝盤。
5. 裝盤後淋少許初榨橄欖油並撒一把新鮮荷蘭芹碎當裝飾，趁熱儘快食用。

食材

- 義大利麵
- 大蒜瓣
- 洋蔥
- 荷蘭芹
- 紅醬（自製義大利番茄紅醬）

調料

- 黑胡椒碎
- 岩鹽
- 初榨橄欖油

19

櫻花蝦青醬寬扁麵

做法

1. 蔬菜洗淨，大蒜瓣切片，大蔥切薄片。
2. 湯鍋加水大火煮滾，放入義大利寬扁麵和一撮海鹽，預計煮八分鐘後撈出。
3. 炒鍋放油開小火，把大蒜瓣切片放入兩面煎香，大蒜片開始變金黃色時放入櫻花蝦皮同炒，只要櫻花蝦皮香氣出來就一起取出備用。
4. 原炒鍋開小火放入兩大匙青醬和水，煮滾時放入撈出的寬扁麵拌炒，等青醬裹上麵條開始收汁，試味道後加鹽即可取出裝盤。
5. 裝盤後擺上炒好的大蒜片櫻花蝦皮，撒上大蔥薄片並以紫梗羅勒和甜羅勒做裝飾。

食材

- 義大利寬扁麵
- 曬乾櫻花蝦皮
- 紫梗羅勒
- 甜羅勒
- 大蔥
- 大蒜瓣

調料

- 海鹽
- 青醬
- 初榨橄欖油

1

2

3

20

魷魚彩色貝殼麵

1

2

3

4

5

6

做法

1. 蔬菜洗淨，洋蔥、大蒜瓣、紅蔥頭三者去皮切碎，荷蘭芹大部分切碎留一小部分嫩葉備用，蠶豆去豆殼用手把豆仁掰成兩瓣。
2. 魷魚去內臟去皮後切圈圈，加一些高粱酒和白胡椒粉拌勻醃五分鐘，放入滾水燙三十秒後撈出備用。
3. 湯鍋放水大火煮滾後加一撮海鹽，放入貝殼麵預計煮八分鐘後撈出。
4. 炒鍋放油開小火，放入大蒜碎、紅蔥頭碎、洋蔥碎，炒到洋蔥變軟時加入蠶豆瓣續炒兩分鐘，加入黑胡椒碎和海鹽，接著放入事先熬好的義式紅醬並加一些水，轉中大火煮滾湯汁後轉開小火，放入剛撈出的貝殼麵及魷魚拌炒.收汁時加一些荷蘭芹碎拌勻即可出鍋裝盤。
5. 裝盤後撒上荷蘭芹嫩葉並淋上初榨橄欖油。

食材

- 彩色大貝殼麵
- 魷魚
- 蠶豆
- 義式紅醬（番茄醬）
- 荷蘭芹
- 洋蔥
- 大蒜瓣
- 紅蔥頭

調料

- 黑胡椒碎
- 白胡椒粉
- 初榨橄欖油
- 海鹽
- 高粱酒

21

干貝青醬義大利麵

做法

1. 蔬菜洗淨，大蒜瓣去皮切薄片，洋蔥去皮切小丁，蘑菇切薄片。
2. 湯鍋加水開大火煮滾，放入義大利麵和一撮海鹽，不要蓋鍋預計煮七分鐘後撈出。
3. 干貝洗淨擦乾水分，撒少許鹽和黑胡椒碎再拍一些麵粉在表面，煎鍋放油開小火先把大蒜片煎香後取出備用，接著轉開中大火放入干貝，兩面各煎二分鐘成金黃色，淋一些干邑白蘭地嗆鍋後取出備用。
4. 炒鍋放油開中小火把洋蔥丁和蘑菇片炒軟後，加入兩大匙青醬和少許水拌炒均勻，等湯汁煮滾加入剛撈出的義大利麵拌勻，試味道決定是否加鹽，等青醬一收汁便可取出裝盤。
5. 裝盤後放入煎好的干貝和大蒜片以檸檬羅勒做裝飾。

食材

- 新鮮干貝
- 義大利麵
- 青醬
- 洋蔥
- 蘑菇
- 大蒜瓣
- 檸檬羅勒

調料

- 黑胡椒碎
- 干邑白蘭地
- 海鹽
- 橄欖油
- 麵粉

1

2

3

22

番茄牛肉醬義大利麵

1

2

3

做法

1. 大番茄底部劃十字，放入滾水中燙15秒後撈出去皮並切碎。
2. 牛瘦肉剁碎加一些海鹽，黑胡椒碎和橄欖油拌勻醃製五分鐘。
3. 義大利雞蛋寬型面皮用冷水浸泡變軟後用刀切成1.5公分寬的長條。
4. 炒鍋放少許油開中火放入牛肉碎炒到香氣出來，放入大蒜碎、洋蔥碎、月桂葉同炒，等洋蔥炒軟加一些義式乾燥綜合香草碎，再放入番茄碎炒到變軟，加入罐頭番茄泥及一些水或蔬菜湯外加一束百里香，轉開大火煮滾後轉小火燜煮半小時，待收汁時加鹽調味離火備用。
5. 湯鍋加水開大火煮滾時放入一小撮鹽，放入寬麵條煮九分鐘後撈出，放入正在爆香大蒜片的炒鍋，加入兩大匙煮好的番茄牛肉醬拌炒一分鐘後出鍋裝盤。
6. 裝盤後撒上新鮮荷蘭芹碎和現刨的帕馬森乾酪絲。

食材

- 牛瘦肉
- 番茄
- 義大利雞蛋寬型麵皮
- 洋蔥
- 大蒜瓣
- 月桂葉
- 百里香
- 荷蘭芹
- 帕馬森乾酪
- 義式罐頭番茄泥

調料

- 黑胡椒碎
- 初榨橄欖油
- 海鹽
- 義式乾燥綜合香草碎

23

青醬斑節蝦彎管麵

做法

1. 斑節蝦洗淨去頭去殼去泥腸，只保留尾殼一截，撒黑胡椒碎和海鹽，淋少許橄欖油拌勻後醃製十分鐘。
2. 大蒜瓣和紅蔥頭去皮後切碎。
3. 湯鍋放水開大火燒開後放入一小撮鹽，放入彎管麵預計煮九分鐘後撈出。
4. 炒鍋放油開小火，放入紅蔥頭碎和大蒜碎炒香，轉大火放入醃好的斑節蝦炒熟，淋少許果渣白蘭地嗆鍋後把斑節蝦取出備用。
5. 原炒鍋轉中小火放入兩大匙青醬，加少許水拌勻煮滾，放入剛撈出的彎管麵同炒一分鐘，待青醬收汁時即刻取出。
5. 裝盤後把斑節蝦鋪上並撒羅勒及淋少許初榨橄欖油。

食材

- 斑節蝦（老虎蝦）
- 羅勒
- 大蒜瓣
- 紅蔥頭
- 義大利中型彎管麵

調料

- 青醬（羅勒醬）
- 黑胡椒碎
- 海鹽
- 初榨橄欖油
- 義大利果渣白蘭地

1

2

24

青醬海蝦螺旋麵

1

2

3

做法

1. 海蝦去頭去殼只保留最後一節尾殼，開背去泥腸加一些黑胡椒碎、海鹽和橄欖油醃製五分鐘。
2. 湯鍋加水開大火煮滾後放入一小撮海鹽，放入義大利螺旋麵，倒數計時預計煮八分鐘後撈出。
3. 炒鍋放油開中小火放入大蒜片煎至金黃後取出備用，轉中大火原鍋放入海蝦兩面各煎一分鐘，加入兩大匙青醬和水煮滾，放入剛撈出的螺旋麵拌炒，等收汁時取出裝盤。
4. 裝盤後鋪上煎好的大蒜片和預先烤香的松子，刨一些帕馬森乾酪絲並以新鮮羅勒當裝飾
5. 夏日食用時配一杯冷藏過的義大利灰皮諾白酒相當對味。

食材

・義大利螺旋麵
・海蝦
・義大利青醬（羅勒醬）

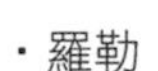

・羅勒
・大蒜片
・松子
・帕馬森乾酪

調料

・黑胡椒碎
・海鹽
・初榨橄欖油

25

番茄燉牛肉義大利麵

1

2

3

4

做法

1. 蔬菜洗淨，番茄底部用刀劃十字入滾水燙十五秒後去皮切丁，洋蔥去皮切小丁，馬鈴薯去皮切中丁，大蒜瓣切碎，荷蘭芹切碎。
2. 牛腿肉切大塊撒岩鹽和黑胡椒碎後抹一些油，接著入煎鍋用中火稍微煎一下，上色即可取出備用。
3. 燉鍋放油開小火，爆香大蒜碎後加入洋蔥小丁、月桂葉、黑胡椒碎，等洋蔥炒軟放入番茄丁，轉開大火炒成泥，放入煎好的牛肉塊，百里香，加足夠的水煮開後轉小火燉煮一個半小時，然後放入馬鈴薯並加一些岩鹽和紅椒粉，再燉半小時即可出鍋。
4. 湯鍋加水開大火煮滾時放入義大利麵和一撮鹽，煮七分鐘後撈出放入另一炒鍋，把燉好的牛肉和湯汁一起放入和麵拌炒，收汁後取出裝盤並撒上荷蘭芹碎。

食材

- 牛腿肉
- 番茄
- 洋蔥
- 馬鈴薯
- 大蒜瓣
- 月桂葉
- 百里香
- 荷蘭芹
- 匈牙利紅椒粉

調料

- 岩鹽
- 黑胡椒碎
- 橄欖油

26

青豆鮭魚義大利麵

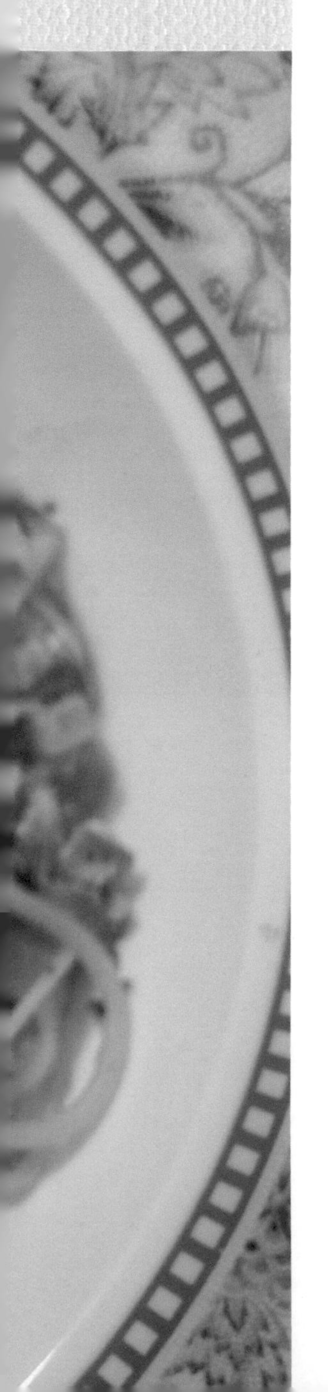

1

2

3

4

做法

1. 去皮鮭魚排擦乾表面，撒黑胡椒碎，海鹽和切碎的羅勒醃五分鐘。
2. 蔬菜洗淨，番茄底部用刀劃十字入滾水燙十五秒後撈出去皮切小丁，洋蔥去皮切小丁。
3. 煎鍋放油開大火熱鍋後放入鮭魚排，煎一分鐘後轉開中火續煎兩分鐘，翻面續煎一分鐘後取出放涼，用手把魚肉掰成碎塊備用。
4. 湯鍋放水開大火，水滾時放入義大利麵和一撮鹽，預計煮七分鐘後撈出。
5. 原煎鍋再加一些油開小火，入洋蔥丁炒軟後加一些黑胡椒碎轉開大火，加入番茄丁和青豆同炒三分鐘，加入撈出的義大利麵和備好的鮭魚肉碎塊，把食材拌勻加一些海鹽調味後取出裝盤，撒一些乾燥荷蘭芹碎，最後刨一些帕馬森乾酪片上去裝飾。

食材

- 去皮鮭魚排
- 青豆
- 洋蔥
- 番茄
- 乾燥荷蘭芹碎
- 帕馬森乳酪
- 羅勒

調料

- 黑胡椒碎
- 海鹽
- 初榨橄欖油

27

蛤蠣青醬義大利麵

1

2

3

4

做法

1. 湯鍋加水大火煮滾加一些海鹽，先放義大利麵煮三分半鐘後接著放入義大利細麵，預計再煮三分半鐘後一起撈出。
2. 炒鍋放油開小火，先把大蒜瓣薄片煎成金黃色後取出備用。
3. 另一湯鍋放蛤蠣開大火，加一些白葡萄酒和羅勒，蛤蠣煮開後挑出取肉，湯汁留著備用
4. 原炒鍋放入兩大匙義大利青醬，開小火加入蛤蠣湯汁煮開後放入剛撈出的兩種義大利麵，拌炒均勻開始收汁時即可取出裝盤。
5. 裝盤後放入蛤蠣肉以及事先烤好的松子和杏仁片，淋一些初榨橄欖油，撒上帕馬森乳酪的刨片或刨粉，最後放上煎好的大蒜片。

食材

- 義大利麵
- 義大利細麵
- 松子
- 杏仁片
- 大蒜瓣
- 帕馬森乳酪
- 羅勒
- 蛤蠣
- 青醬

調料

- 海鹽
- 初榨橄欖油
- 白葡萄酒

28

義大利肉醬千層面

做法

1. 湯鍋放水七分滿開大火煮滾後放入一小撮海鹽，義大利千層面皮依序放入六至七片，稍微攪動滾水避免面皮黏貼一起，煮三分鐘後把面皮撈出放入預先準備的冷水中，面皮冷卻後取出並一片一片平放不要重疊。
2. 取一烤盤底層塗抹橄欖油，接著放入面皮並塗上一層番茄牛肉紅醬及一層奶油白醬，重複以上動作直到面皮用完，在最上層的白醬上撒滿切碎的莫扎瑞拉乳酪和一些新鮮的荷蘭芹碎。
3. 放入用二百度已預熱十五分鐘的烤箱續烤十二分鐘，直至表面金黃即可取出。

註：

1.番茄牛肉紅醬之製作請參考P279番茄牛肉醬做法。

2.奶油白醬作法請參考P293奶油白醬之製作。

食材

- 義大利千層面面皮
- 自製義式番茄牛肉醬
- 自製義式奶油白醬
- 莫扎瑞拉乳酪
- 荷蘭芹

調料

- 初榨橄欖油
- 海鹽

29

燻鮭魚奶油白醬貝殼麵

做法

1. 奶油白醬之製作：牛奶加洋蔥碎和白胡椒粉煮沸，過濾掉洋蔥碎後保溫備用，炒鍋開小火融化奶油後分多次少量加入麵粉拌勻，慢慢拌炒成濃稠醬汁後離火，少量慢慢倒入熱牛奶拌勻並加入海鹽和黑胡椒碎調味，回到爐上開小火繼續攪拌調成理想的稠度即做成奶油白醬。
2. 大湯鍋放水開大火煮滾後加一撮鹽，放入義大利大貝殼麵開始倒數計時，四分鐘後放入四季豆同煮，再四分鐘後一起撈出，貝殼麵泡冷水後瀝乾備用，四季豆單獨切碎。
3. 另一炒鍋放油開中小火爆香洋蔥碎和蒔蘿碎，放入切碎的燻鮭魚，舀三大勺奶油白醬並加黑胡椒碎拌勻，放入剛撈出的義大利貝殼麵並加少許麵湯拌炒均勻即可取出裝盤，裝盤後撒上切碎的四季豆，蒔蘿嫩葉和少許黑胡椒碎。

食材

- 義大利彩色大貝殼麵
- 四季豆
- 洋蔥
- 燻鮭魚切片
- 蒔蘿
- 牛奶
- 麵粉
- 奶油（黃油）

調料

- 海鹽
- 黑胡椒碎
- 初榨橄欖油
- 白胡椒粉

30

銀魚青豆義大利麵

1

2

3

做法

1. 大蒜瓣去皮切片，洋蔥和番茄乾切碎，櫻桃蘿蔔切片。
2. 大湯鍋加水大火煮滾後加一撮海鹽，放入寬扁麵煮四分鐘後加入細麵，預計再煮四分鐘後一起撈出。
3. 炒鍋放油小火炒香大蒜片和洋蔥碎後加入銀魚乾同炒，接著轉中大火放入青豆和番茄乾同炒二分鐘，然後轉小火並把剛撈出的義大利麵放入炒鍋拌炒一分鐘，加一些黑胡椒碎和海鹽調味後裝盤。
4. 裝盤後撒上櫻桃蘿蔔切片和事先烤好的杏仁片。
5. 食用時搭配醃櫻桃蘿蔔。
6. 醃櫻桃蘿蔔做法：櫻桃蘿蔔洗淨切薄片，加海鹽、砂糖、米醋醃十分鐘，稍微用手擠壓把多餘的湯汁瀝乾，撒上香菜拌勻即可。

食材

- 烤熟風乾的銀魚
- 青豆
- 番茄乾
- 櫻桃蘿蔔
- 大蒜瓣
- 紫洋蔥
- 杏仁片
- 義大利寬扁麵
- 義大利細麵
- 香菜

調料

- 初榨橄欖油
- 海鹽
- 黑胡椒碎
- 砂糖
- 米醋

31

番茄紅醬沙拉米披薩

做法

1. 番茄紅醬之製作請參考P251番茄紅醬製作方法。
2. 披薩餅皮之製作請參考P301披薩餅皮製作方法。
3. 發酵好的披薩餅皮放在墊著烤盤紙的烤盤上，在餅皮均勻扎些小洞，塗上自製番茄紅醬，鋪上洋蔥絲、青椒絲、蘑菇切片、豬肉沙拉米切片，撒上滿滿的莫扎瑞拉乳酪絲。
4. 放入用二百度已預熱十五分鐘的烤箱續烤十五分鐘，轉上火續烤五分鐘後出爐。
5. 撒上烤熟的乾辣椒圈，稍微放涼後切小片即可食用。

食材

- 自製義式番茄紅醬
- 自製披薩餅皮
- 義式豬肉沙拉米切片
- 洋蔥
- 青椒
- 蘑菇
- 莫扎瑞拉乳酪絲
- 烤熟的乾辣椒
- 高筋麵粉

調料

- 海鹽
- 酵母
- 砂糖

32

羅勒鮮蝦蘑菇披薩

1

2

3

4

5

做法

1. 披薩餅皮之製作請參考P301披薩餅皮製作方法。
2. 自製番茄紅醬之製作請參考P251番茄紅醬製作方法。
3. 海蝦取蝦仁後開背去泥腸，放入加鹽的滾水中汆燙二十秒定型後取出備用，青椒和洋蔥切絲，蘑菇切薄片。
4. 發酵好的餅皮放在墊著烤盤紙的烤盤上均勻扎一些小洞，塗上自製番茄紅醬並鋪上青椒絲、蔥絲、蘑菇片、蝦仁，撒上滿滿的莫扎瑞拉乳酪絲和少許黑胡椒碎，最後在蝦仁上淋一些初榨橄欖油。
5. 放入用二百度已預熱十五分鐘的烤箱續烤十五分鐘，轉上火再烤五分鐘後取出，稍微放涼後撒上新鮮羅勒葉，趁溫熱之際切成小塊即可食用。

食材

- 披薩餅皮
- 自製番茄紅醬
- 海蝦

- 蘑菇
- 青椒
- 洋蔥
- 莫扎瑞拉乳酪絲
- 羅勒

調料

- 黑胡椒碎
- 初榨橄欖油

33

燻鮭魚蔬菜披薩

做法

1. 披薩餅皮之製作：高筋麵粉加水，酵母，橄欖油，海鹽，白砂糖揉成麵團後靜置發酵四十五分鐘，麵團漲成兩倍大時把氣打消用力搓揉麵團約十分鐘並整成一個圓球，用布蓋好繼續二次發酵三十分鐘後取出成一張餅皮，把餅皮放入墊著烤盤紙的烤盤靜置十分鐘。
2. 發酵好的餅皮均勻扎一些小洞，塗上自製番茄紅醬，鋪上青椒絲，蘑菇切片，洋蔥絲，燻鮭魚片，接著撒上滿滿的莫扎瑞拉乳酪絲和少許黑胡椒碎。
3. 放入用二百度已預熱十五分鐘的烤箱續烤十五分鐘後轉上火續烤五分鐘後出爐。
4. 出爐後隨便撒一些薄荷葉，鼠尾草和小茴香嫩葉。
5. 食用時切成小塊並淋少許檸檬橄欖油。

註：自製番茄紅醬請參考P251番茄紅醬作法。

食材

- 高筋麵粉
- 煙燻鮭魚
- 自製番茄紅醬
- 洋蔥
- 青椒
- 蘑菇
- 莫扎瑞拉乳酪絲
- 薄荷
- 鼠尾草
- 新鮮小茴香

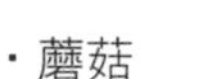

調料

- 黑胡椒碎
- 檸檬橄欖油
- 海鹽
- 白砂糖
- 酵母

34

辣味松露沙拉米披薩

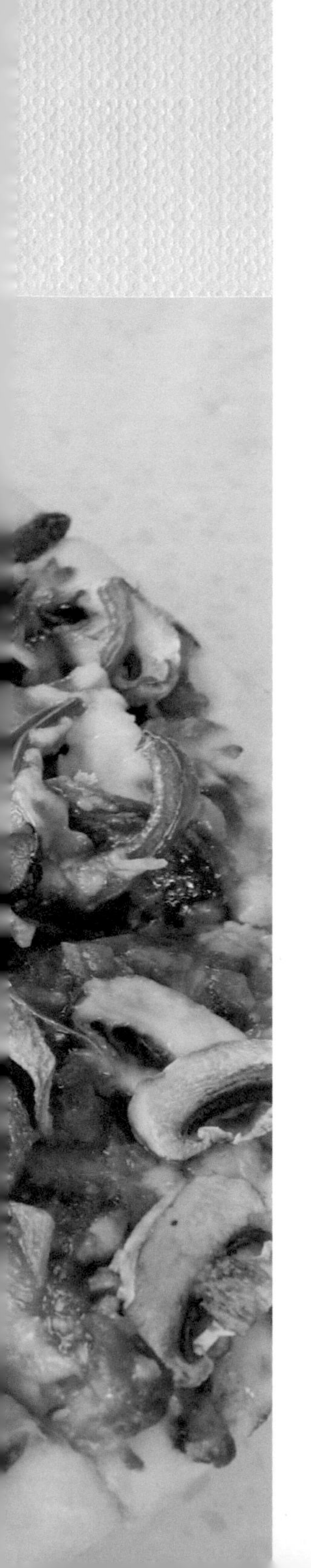

1

2

3

4

做法

1. 披薩餅皮之製作請參考P301披薩餅皮製作方法。
2. 番茄紅醬之製作請參考P251義式番茄紅醬製作方法。
3. 把發酵好的餅皮放在墊著烤盤紙的烤盤上，在餅皮上均勻扎一些小洞，塗上自製義式番茄紅醬，鋪上洋蔥絲、青椒絲、蘑菇切片、黑松露切片和義式豬肉沙拉米切片，撒上莫扎瑞拉乳酪絲和新鮮去籽辣椒圈。
4. 放入用二百度已預熱十五分鐘的烤箱續烤十五分鐘，轉上火續烤五分鐘後出爐。
5. 出爐稍涼後切成小塊即可食用。

食材

- 自製披薩餅皮
- 自製番茄紅醬
- 黑松露
- 義式豬肉沙拉米
- 洋蔥
- 青椒
- 蘑菇
- 莫扎瑞拉乳酪絲
- 新鮮辣椒

35

羅勒青醬小海蝦披薩

1

2

3

4

做法

1. 披薩餅皮之製作請參考P301披薩餅皮製作方法。
2. 義式青醬之製作請參考P255義大利青醬製作方法。
3. 青椒和洋蔥切絲，蘑菇切薄片，莫扎瑞拉乳酪切細條後切成小丁，小海蝦去泥腸取蝦仁
4. 把發酵好的披薩餅皮放在墊著烤盤紙的烤盤上，在餅皮上均勻扎一些小洞，把青醬塗抹在餅皮上，接著鋪上青椒絲，洋蔥絲，蘑菇切片和小海蝦，撒上滿滿的莫扎瑞拉乳酪丁，在小海蝦上淋少許初榨橄欖油。
5. 放入用二百度已預熱十五分鐘的烤箱續烤十五分鐘，轉上火續烤五分鐘後出爐。
6. 稍微放涼後撒上新鮮羅勒嫩葉和烤熟的辣椒碎，用披薩滾刀分成小塊即可食用。

食材

- 義式青醬
- 羅勒
- 小海蝦
- 洋蔥
- 青椒
- 蘑菇
- 莫扎瑞拉乳酪

調料

- 初榨橄欖油
- 烤熟的辣椒碎

36

番茄牛肉醬披薩

做法

1. 義式番茄牛肉醬之製作請參考P279番茄牛肉醬義大利麵中的作法。
2. 披薩餅皮之製作請參考P301披薩餅皮製作方法。
3. 把發酵好的披薩餅皮放在墊著烤盤紙的烤盤，在餅皮上均勻扎一些小洞，塗上自己熬製的番茄牛肉醬，鋪上洋蔥絲、青椒絲、蘑菇切片，撒上滿滿的莫扎瑞拉乳酪絲以及少許紅辣椒圈和青辣椒圈。
4. 放入用二百度已預熱十五分鐘的烤箱續烤十五分鐘，轉上火續烤五分鐘後出爐。
5. 稍微放涼切成小片即可食用。

註：義式番茄牛肉醬可以事先熬好，拿來做意大麵或烤披薩皆可。

食材

- 自製番茄牛肉醬
- 自製披薩餅皮
- 洋蔥
- 蘑菇
- 青椒
- 紅辣椒
- 青辣椒

38

番茄紅醬川味臘腸披薩

做法

1. 番茄紅醬之製作請參考P251番茄紅醬製作方法。
2. 披薩餅皮之製作請參考P301披薩餅皮製作方法。
3. 川味麻辣臘腸用豬前腿肉加海鹽、花椒粉、辣椒粉、小茴香粉、肉豆蔻粉、大蒜末、高粱酒調味灌好，在冬季自然陰乾一個半月而成。
4. 川味麻辣臘腸放湯鍋加水，小火煮滾二十分鐘，撈出放涼後切片備用。
5. 發酵好的披薩餅皮放在墊著烤盤紙的烤盤，在餅皮上均勻扎些小洞，塗上番茄紅醬，鋪上洋蔥絲、青椒絲、臘腸切片，撒上滿滿的莫扎瑞拉乳酪絲。
6. 放入用二百度已預熱十五分鐘的烤箱續烤十五分鐘，轉上火續烤五分鐘後出爐，稍微放涼切小片即可食用。

食材

- 自製番茄紅醬
- 自製披薩餅皮
- 自製川味麻辣臘腸
- 洋蔥
- 青椒
- 莫扎瑞拉乳酪

楊塵私人廚房系列

吃遍東西隨手拍（1）
吃貨的美食世界

一面玩，一面吃，一面拍，將美食幸福傳遞給生命中的每個人！

◎收錄143幀照片與小品文字，作者走踏臺灣、商旅中國、遊訪各國的美食紀錄。
◎運用隨身攜帶的手機或平板拍攝美食，為生活中的食物留下美麗的身影。
◎簡單的攝影技巧，一枝熱情的筆，幸福的滋味變得如此盎然滿足。

美食，是安穩現代人最大的小確幸，將美味食物、親友的共享的畫面，鐫刻在生活中的點點滴滴中。享受美食與拍照變成現代人一種生活的顯學。
並感謝每張照片背後的人們和我一起共同經歷的時光和歲月～～

楊塵生活美學（2）
我的香草花園和香草料理：隱匿於現代的私人桃花源

好看、好吃、好栽培！輕鬆掌握「成功養好香草」、「完美搭配料理」的生活美學！

◎16種常見料理香草、花卉栽培及食譜搭配簡介，手做家庭香料美食不可錯過的最佳指南。
◎方便管理、健康療癒，在自家陽台就能打造屬於自己的香草花園！
◎全書超過500張實境照片，無論植物外觀、料理特色，精彩地呈現香草植物的園藝之美與美食之色。

從打開本書開始，你也可以擁有一座自己專屬的香草花園，不管是在大廈的露台或家裡的陽台，它都會在不同季節，為你飄送不同的芬芳和情意。

楊塵私人廚房（1）
我愛沙拉

熟男主廚的147道輕食料理，一起迎接健康、自然、美味的無負擔新生活。

◎以蔬菜、水果入菜，健康、自然、美味的147道沙拉料理。
◎善待自己的第一步：從日常生活飲食自己動手開始。
◎在家也能隨心所欲製作自己喜歡的餐點，自由、有創意更能心滿而意足。

從營養的角度來看，蔬菜和水果生吃最能保有食物的原始營養元素，沙拉的主力食材即是新鮮的蔬菜和水果，這也是現代輕食主義的精髓所在。
熟男主廚楊塵整理日常生活中的沙拉製作心得、私房的沙拉醬料小撇步，教你如何吃出無負擔的健康美食生活。

楊塵私人廚房（2）
家庭早餐和下午茶

熟男私房料理148道西式輕食，歡聚、聯誼不可或缺的美食小點！

◎歡聚、聯誼，絕對不可缺少的148道西式輕食！
◎居家休閒，朋友相聚、商務洽談，輕鬆的下午茶聚會信手捻來。
◎聚餐不用外燴，在家也能隨心所欲製作創意安心又健康的聚會料理。

下午茶的聚會因給人一種放鬆和自在的社交模式而廣受歡迎，但外面餐廳眾多，美食如林，卻不見得都符合個人口味和需求。自己動手做早餐或下午茶點，不但可以掌握衛生條件，且完全可依個人口味調整。立刻來場拉近親友距離的美食聚會吧！

國家圖書館出版品預行編目資料

家庭西餐／楊塵著. --初版.--新竹縣竹北市：楊塵文創工作室，2020.02
面； 公分.——（楊塵私人廚房；3）
ISBN 978-986-94169-7-9（平裝）
1.食譜 2.西餐
427.1 108016982

楊塵私人廚房（3）

家庭西餐

作　　者　楊塵
攝　　影　楊塵
發 行 人　楊塵
出　　版　楊塵文創工作室
302-64新竹縣竹北市成功七街170號10樓
電話：（03）6673-477
傳真：（03）6673-477
設計編印　白象文化事業有限公司
專案主編：林孟侃　經紀人：吳適意
經銷代理　白象文化事業有限公司
412台中市大里區科技路1號8樓之2（台中軟體園區）
出版專線：（04）2496-5995　傳真：（04）2496-9901
401台中市東區和平街228巷44號（經銷部）
購書專線：（04）2220-8589　傳真：（04）2220-8505
印　　刷　基盛印刷工場
初版一刷　2020年2月
定　　價　400元